À LA MÈRE DE FAMILLE

成立於 1761 年

巴黎最老甜點舖的傳奇配方

DE RECETTES

À LA MÈRE DE FAMILLE

成立於 1761 年

巴黎最老甜點舖

DE RECETTES

堅持 250 年，109 道法式經典配方

作者／朱利安‧麥瑟朗 Julien Merceron
攝影／尚‧卡札爾 Jean Cazals
美編／琳恩‧納德森 Lene Knudsen
繪圖／ A3

前言

珍：我記得那個晚上你回到家，告訴我們你已見到她。

埃提恩：妳那時剛過十六歲生日，我們在鄉下幫妳慶生。返回巴黎後，我們和史提夫、蘇菲一起去看那地方。

史提夫：我們已經聽說過那地方……蘇菲，妳也跟我們提過好一陣子了，記得嗎？

蘇菲：這是我這輩子唯一僅有的一次，當我從某處回來時，我告訴自己：「我希望那將是我的家……」你記得我們一起過的第一個聖誕嗎？

史提夫：全被一掃而空，三天之內店裡就空了……！我記得就是在妳設計了那著名的橙色包裝袋之後的那一年……

埃提恩：這地方和你們三個好像……我最喜歡的就是在十二月的某一天到店裡來，看到你們三人都各自忙碌著……蘇菲妳在巧克力展示區後頭忙，史提夫正聚精會神地和朱利安討論，而妳，珍，則忙著結帳，就像是個玩著扮家家酒的小女孩。

珍：和妳的孩子們一樣，蘇菲！

蘇菲：噢，尤其是西蒙，因為埃里歐特他感興趣的是在家裡做乳香焦糖！

珍：媽，妳也試過用店裡的巧克力片做巧奶奶蛋白糖霜。

埃提恩：另外一提，艾蓮，妳是我們公認的專業品嚐師。

艾蓮：在我們家裡，每個人都有他喜愛的甜點，珍喜歡的是魯斯蛋糕，史提夫愛的是用媽媽的巧克力做的蛋糕，蘇菲則是檸檬塔，強納唐是咖啡口味的法式泡芙。

史提夫：我呢，和老婆第一次約會的那天晚上，我就帶她到已關門的店裡來……

珍：哈哈！

史提夫：是真的……我兒子喬哈金出生後頭一次出門就是到這兒，我還有他躺在手提嬰兒籃裡的照片，就在糖果罐前，那時他應該已經一個禮拜大了……

埃提恩：我喜歡的就是我們每一個人在這裡寫下了自己的故事，雖然這裡早已是充滿故事的地方，但我們一起延續下去，用我們每個人獨特的個性，不同的年紀，還有我們兒時的夢想。珍，妳和尚－馬克一起負責巧克力，而妳，蘇菲，妳將無限的創意和對生命的熱情注入這裡的每個角落……盒子、櫥窗……你，史提夫，你讓這家店走了出來，帶著她超越國界，優游在不同的文化中，你使她變得更富有創意……

史提夫：事實上是珍，她總是帶來各式各樣的創意……比如聖誕節，我給她看了一款巧克力做的松冠，她問我：「你覺得這感覺上像個超棒（super）的聖誕節嗎？」這讓我聯想到「蘇老爹」（Su-Père）聖誕*，也就是後來我們開發出的點子。

珍：一想到除了我們之外的人也可以做巧奶奶蛋白糖霜就覺得這很瘋狂……

史提夫：我很開心能出版這本書，讓我又重新回味這些童年的記憶……有時我們甚至很難進行拍攝工作，因為大家都在待拍的甜點周圍打轉，等著趁人不注意下手偷吃一口！

埃提恩：這本書可說是真實的紀念，記錄了巴黎媽媽甜點舖的歷史，還有一點兒我們家的。我希望將來你們的孩子們也接續著做這些甜點……

À la mère de famille，巴黎，二〇一一年五月

＊譯註：法文 super（超級）和 Su-Père（蘇老爹）發音相近。

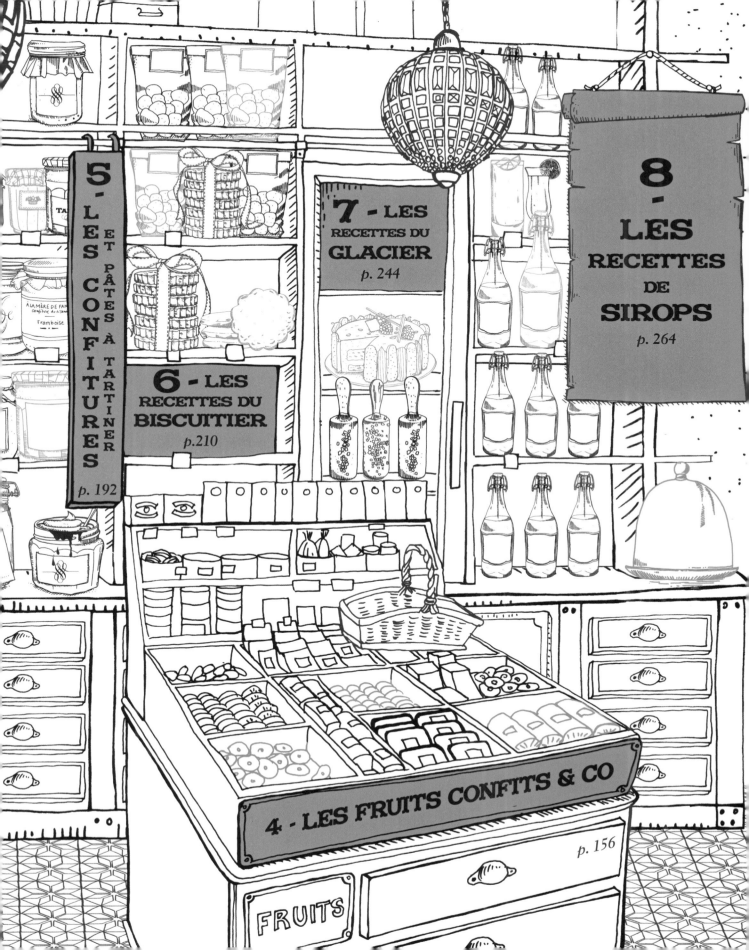

Contents

第 1 章
蛋糕 & 糕點

第 2 章
巧克力師傅的食譜

第 3 章
糖果師傅的食譜

店舖簡史

深具歷史的食譜

~A~

ARRÊTER
la cuisson du sucre
完成終止煮糖

將熬糖的熱鍋放入冷水中能立刻降溫終止煮糖步驟。

~B~

BEURRE *noisette*
榛果色奶油[1]

將奶油慢慢加熱融化。之後會起小泡,接著有小小的聲響。當奶油所含的水分都蒸發,會漸漸呈現榛果色,此時立即將奶油倒入另一個冷的容器裡,以防止奶油繼續升溫而焦掉。

BEURRE *en pommade*
膏狀奶油

指的是在常溫下漸融的奶油,以刮刀攪拌成膏狀後使用。如要快些,可將奶油放入微波加熱幾秒。

BLANCHIR *les jaunes*
打發蛋黃

將蛋黃和糖以打蛋器用力快速攪打。

~C~

CARAMEL *à sec*
焦糖乾式加熱法

先將部分砂糖鋪放於鍋底以中小火加熱,糖會熔化,開始焦化。少量漸次加入剩下的糖。不要一次加太多,以免有些糖無法熔化。

CARAMEL *blond*
金色焦糖

和焦糖乾式加熱法的步驟一樣,但在糖呈金黃色時即離火。注意加熱的火力,因為焦糖變色速度非常快。

CARAMEL *brun*
棕色焦糖

和焦糖乾式加熱法的做法相同,但加熱稍久些,直到糖呈棕色為止。

CORNET *en papier sulfurisé*
烘焙紙捲筒

裝飾或巧克力細部黏合時所用的方法。使用一張由長方形裁出的三角形烘焙紙,捲成捲筒狀,填入融化的巧克力,將尖端剪成需要的開口大小使用。

CHOCOLAT
巧克力

巧克力是由可可豆經過發酵烘焙等工序,再和其他原料混合而成的。好的巧克力必須經過嚴謹的製程:先從果實中取出可可豆,使其發酵(可可豆會產生初期的香氣,呈棕色)。接著讓它們在陽光下曝曬乾燥,再送到工廠做成可可膏(撿選、烘焙、粗壓碎殼、細碾)。細碾之後得到的可可膏塊是製作巧克力的主原料。這膏塊含有約50%的可可脂。

chocolat noir
黑巧克力

製作黑巧克力,先要將可可膏、可可脂、糖、大豆卵磷脂及香草混合。之後細磨,攪拌12個小時,使得巧克力質地更細緻,香氣更豐富完整。依照成品可可含量的多寡,所有成分的比例也各有差異。如可可含量70%的巧克力,當中就有70%的可可膏和可可脂+30%的糖。

Chocolat au lait
牛奶巧克力

原料如下:可可膏、可可脂、糖、奶粉、大豆卵磷脂、香草。

Chocolat blanc
白巧克力

其中沒有可可膏;原料有可可脂、糖、奶粉、大豆卵磷脂、香草。

像 À la mère de Famille 的巧克力專門店,用的是所謂的包覆裝飾用[2]的巧克力。裡頭含有至少32%的可可脂(包括可可膏當中所含以及食譜裡的可可脂原料)。這使得巧克力使用起來相當的滑順流暢,也使巧克力擁有極高的品質。

本書當中的食譜均建議使用店內的巧克力,或是專門店提供的包覆外飾用巧克力。亦可使用可可含量高的巧克力。

COULIS *de caramel*
焦糖濃醬

先將砂糖放入鍋中以乾式加熱法加熱至呈金黃色,之後加入溫熱的鮮奶油降溫熬煮成濃醬。

~D~

DÉCUIRE *le caramel*
焦糖降溫熬煮

在焦糖乾式加熱法中加入溫熱的鮮奶油,使得焦糖溫度微降:降溫熬煮。盡量採用大的鍋具,避免噴濺的危險。

~ 開場 ~

DORER *les biscuits*
餅乾上色
以刷子沾蛋液刷在餅乾表面後放入烤箱烘烤。如此一來餅乾就會有金亮光澤。

~E~

ENROBER
un bonbon ou un fruit confit de chocolat
以巧克力包覆糖果或糖漬水果
用叉子叉上將要包覆巧克力的糖，浸入調溫巧克力漿裡，取出後稍微輕敲叉子，使多餘的巧克力漿滴落。之後輕輕置於基塔紙上。保持叉子乾淨，如果有巧克力凝結其上，稍稍加熱將之熔化清除。這個步驟需要快速地進行，以免糖果包覆了巧克力後黏在叉子上。 巧克力的份量要準備的比包覆的量多，糖果才能完全浸入，包覆巧克力而不會破壞外觀。

ÉCUMER *la confiture*
撈除果醬浮沫
以細網眼的漏勺撇去果醬表面形成的浮沫小泡。

ÉCUMER *le sirop*
撈除糖漿浮沫
以細網眼的漏勺撇去糖漿上層的浮沫。

~F~

Feuille *guitare*
基塔紙
在餐飲器具的專賣店中找得到，基塔紙是一種塑膠質地的膜紙，一般在巧克力工藝中常會用到：例如將包覆巧克力漿的成品靜置其上，或是製作巧克力片等。和一般會使得巧克力成霧面的烘焙紙不同，基塔紙能讓巧克力表面光滑晶亮。

~I~

IMBIBER *un cake*
沾浸蛋糕
用刷子沾糖漿刷上蛋糕體的每一面。或者將蛋糕非常快速地浸入冷糖漿裡再拿出。

~M~

MARBRER *la glace*
將冰淇淋攪拌出大理石般的紋路
輕輕將果醬或醬汁和冰淇淋拌合使其形成大理石般的紋路。

~N~

NETTOYER *le sucre*
清除鍋內緣的結晶糖
在一開始加熱煮糖的時候（直到120℃最高溫時），用一支沾濕的刷子刷鍋子內緣的糖使其熔化。

~R~

LES RÈGLES, *une alternative au moule*
尺，模型的另一種選擇
用厚度1公分的尺在矽膠墊上圍出一個正方形。在其中倒入綜合水果糊，待涼後分切成正方塊。

~S~

SATINER *le sucre*
拉糖至表面產生珍珠光澤
加熱的糖慢慢冷卻時拉長和摺疊數次，糖會漸漸變成不透明的淺白色。如果糖已先上色，那原本的顏色就會變得稍淺。

~T~

160℃

TAPIS *siliconé*
矽膠墊
和基塔紙不同的地方在於矽膠墊能耐高溫。加熱至160℃的糖能直接倒於其上，而且很容易地將冷卻的糖取起不沾黏。

TORRÉFIER
les fruits à coque
烘烤堅果
將去掉外殼的堅果放入預熱160℃的烤箱烘烤15分鐘，外表會呈漂亮的金黃色。接著如要將外層膜去掉，可將堅果置於雙掌間搓捏至外膜脫落。

TURBINER *la glace*
攪拌冰淇淋
指的是用冰淇淋機，或是冰淇淋攪拌器一邊降溫冷卻，一邊攪動將空氣拌入。約在6℃時即成冰淇淋。

---

1 譯註：中文又稱焦化奶油
2 譯註：包覆外飾用巧克力（chocolat de couverture），法文原意指的是專門用來作外層包覆（couverture）裝飾的巧克力。因為使用前皆需加熱調溫，故中文統稱「調溫巧克力」。

第 1 章

費南雪、瑪德蓮及法式糕點：

再簡單不過了，不是嗎？一種達到高貴優雅的簡單，對嚴謹技術瞭若指掌，並熟悉配方比例。別再找了，只要照著 À la mère de famille 的食譜，這些傳統甜點（不論是檸檬口味、巧克力口味、櫻桃口味、或是榛果口味……）便能輕易上手，給家中大人小孩，最完美的點心。

CAKES
GATEAUX

蛋糕＆糕點

香料麵包
純蜜 60%

法蘭西餅乾廠
45700 維勒曼德

繽紛堅果布朗尼

6 人份

準備時間 15 分鐘
烘烤時間 30 分鐘

3 個蛋
155 克黃金砂糖*
180 克奶油
90 克可可含量 70%的巧克力
40 克麵粉
70 克綜合堅果巧克力

麵糊製作
以隔水加熱法熔化巧克力和奶油。
等待的同時，將糖和蛋黃一起打發後，加入熔化的熱奶油巧克力，再加進
麵粉。慢慢拌入打發的蛋白，注意不使其消泡。將綜合堅果巧克力敲碎，
先將一小把置於一旁待用，其餘拌入麵糊裡。

烘烤
將麵糊倒入淺烤盤（20×25 公分）約 3 公分的厚度，再將剩下的堅果巧克
力撒在上層，放入烤箱以 165℃烤 30 分鐘。

*譯註：黃金砂糖 cassonade，是未經漂白工序的紅棕色結晶蔗糖。但在法國也有人認為
　　cassonade 是甜菜根所製的糖。

變化口味：堅果巧克力的美味是無法取代的。

櫻桃費南雪

12 人份

準備時間 10 分鐘
烘烤時間 13 分鐘

150 克糖粉
50 克杏仁粉
5 個蛋的蛋白
2 克酵母
80 克焦化奶油
60 克麵粉
50 克酒漬櫻桃

器具
費南雪模具

麵糊製作
將奶油慢慢加熱熔化至榛果色成焦化奶油。
將糖粉、杏仁粉、麵粉及酵母一起放入大碗中，加入蛋白，攪拌的同時加進焦化奶油。

烘烤
將麵糊倒入費南雪模具中。每個費南雪上放 5 顆酒漬櫻桃。
放入 190℃的烤箱中烤 13 分鐘。
費南雪在密封盒中可保存 5 天。

 師傅的訣竅：費南雪食譜只用到蛋白，所以如果做的是其他只用蛋黃的甜點（例如英式醬），記得將剩下的蛋白留下來做費南雪。一點兒都不浪費！

榛果費南雪

準備時間 10 分鐘
烘烤時間 13 分鐘

150 克糖粉
50 克榛果粉
5 個蛋的蛋白
2 克酵母
80 克奶油
60 克麵粉
50 克榛果

器具
費南雪模具

麵糊製作
先將榛果放入 160℃的烤箱烘烤，隨時查看烘烤程度。要知道榛果是否已烤熟，可以取出一個並敲碎：如果裡層已稍稍上色，代表已烤熟，便可取出。奶油以小火慢慢加熱熔至焦化的程度。在另一個大碗中將糖粉、榛果粉、麵粉及酵母混拌均勻。加進蛋白持續攪拌，最後倒入焦化奶油攪拌均勻。

烘烤
將麵糊倒入費南雪模具中。將榛果敲成碎粒後，均勻灑在上層。
放入 190℃的烤箱中烤 13 分鐘。

 保存方式：費南雪放在密封盒中可保存 5 天。

1761
~
1791

1761 ~ 1791	1791 ~ 1807	1807 ~ 1825	1825 ~ 1850	1850 ~ 1895
一間鄉村風格的店舖	一個父親的命運	自由的女人	在藝術生命之中	餅乾與糖果
*				

一間
鄉村風格
的店舖

一七六〇年的某日，一個來自庫婁米耶的年輕小夥子來到了巴黎。他身上帶著剛自法國國王代表手中接下的香料雜貨師證書。

巴黎生活的一切都令這位年輕人十分著迷，他流連在城市的大街小巷裡，深深被福布爾－蒙馬特一帶的區域所吸引。這區有著一種如鄉村小鎮般歡樂無憂的氣氛。初到的頭幾年，皮耶－讓．伯納愛上了一間位於目前名為普羅旺斯路的街角小農舍。這個有著泥土地面和厚重木門的小屋子共有三個房間，他將農舍的三個倉庫和一個牲口棚改成了一間漂亮的雜貨舖子。一七六一年，這間舖子很快地成了福布爾蒙馬特區眾所周知、人潮絡繹不絕的地方。附近地區也在幾年之間形成了一個充滿著迷人氣息的聚居地。每當夜晚來臨，此起彼落的小舞會讓巴黎社交圈的人們在這兒流連忘返。路易十五甚至將當時負責宮廷娛樂慶典活動的部門設立於此，法

式庭園則如春天花朵般綻放的到處都是……三年之後，皮耶－讓．伯納娶了一名叫瑪麗－凱特琳．佛西的女子。於是，以伯納之店為名的舖子正式成立。一七七三年，這對夫妻買下了所有權。一七七九年，皮耶－讓．伯納更著手店舖的第一次大改裝：他將舖子改得更跟得上當時潮流，店舖變大了，他並且將其中一處設為專門製作糖果的空間……巴黎人爭先恐後地到伯納之店，只為了買到一些再簡單不過，但能令人喜悅，又有創意的東西，就像這一帶給人的感覺，既高雅又歡樂。

伯納之店是一家屬於傳統舊式制度下的香料雜貨舖子，在當時隸屬於藥劑師商會。主要提供的是鹹口味的食品，如醋，貝雍、波爾多、和美因茲等地區所產的火腿醃肉。另外還有麵粉，及零售的葡萄酒。不過在那時伯納之店就已經開始販售糖衣杏仁，果醬，水果乾，和一些甜點……

1895 ~ 1920	1920 ~ 1950	1950 ~ 1985	1985 ~ 2000	2000 迄今
童年的夢想	在地的靈魂	阿爾伯特和蘇珊娜	巧克力時代	歷史新頁

蘇塔納蛋糕

2 個蛋糕
準備時間 15 分鐘
烘烤時間 45 分鐘

麵團

奶油	150 克
細糖粉	150 克
蛋	3 顆
麵粉	180 克
酵母	4 克
杏仁粉	30 克
蘇塔納葡萄乾	250 克
蘭姆酒	20 克

糖漿

水	125 克
蘭姆酒	15 克
糖	50 克

麵糊製作

先將葡萄乾浸在蘭姆酒裡備用。將膏狀奶油和細糖粉置入大碗拌勻。依序打入雞蛋並不斷地攪拌使之完全融入。視需要可以稍稍加熱使食材均勻混合。加入篩過的麵粉、酵母和杏仁粉。加入浸過蘭姆酒的濕潤葡萄乾。

烘烤

將蛋糕模中鋪上一層烘焙紙。倒入麵糊。放入 200℃的烤箱中烤 5 分鐘。將蛋糕表層用刀子劃開後再以 155℃的溫度續烤約 40 分鐘。將尖刀刺入蛋糕中心檢視烘烤的程度：如果刀面乾淨表示蛋糕烤好了。取出脫模，放涼。

糖漿製作

糖、水和蘭姆酒一起加熱至滾沸成蘭姆糖漿。
將蛋糕均勻沾浸蘭姆糖漿。

開心果蛋糕

2 個蛋糕

準備時間 15 分鐘
烘烤時間 40 分鐘

4 顆蛋
280 克糖
100 克鮮奶油
80 克奶油
220 克麵粉
70 克開心果仁膏
6 克泡打粉
1 小把開心果碎粒

麵糊製作

將蛋和糖放入大碗中攪打。顏色漸漸變淺時加入溫熱的鮮奶油和開心果仁膏。接著加入篩過的麵粉和泡打粉。最後加進融化的奶油。麵糊光滑油亮時即完成。

烘烤

在烤模中鋪上烘焙紙。

將麵糊倒進烤模中，上層灑上開心果碎粒。

放入 200℃ 的烤箱烤 5 分鐘後，將蛋糕表層用刀子劃開。再放入烤箱以 155℃ 烤 35 分鐘。將尖刀刺入蛋糕中心檢查熟度：如果刀面乾淨表示蛋糕已烤熟。取出脫模並放涼。

師傅的訣竅：為了要保持蛋糕濕軟的口感，取出蛋糕時就包上一層保鮮膜放涼。如此就能完全維持蛋糕的濕潤度。

巧克力蛋糕

2 個蛋糕

準備時間 15 分鐘
烘烤時間 40 分鐘

3 顆蛋　　　　　　　　　　100 克麵粉
60 克蜂蜜　　　　　　　　　6 克泡打粉
100 克糖　　　　　　　　　16 克可可粉
60 克杏仁粉　　　　　　　　60 克奶油
110 克鮮奶油
45 克可可含量 70% 的黑巧克力

麵糊製作

將蛋、糖和蜂蜜倒入大碗中攪打至顏色漸變淺。鮮奶油以小火加熱，加入巧克力使之融化。再將巧克力奶油加入前述食材裡。加入篩過的麵粉、泡打粉、杏仁粉和可可粉。最後加入融化的奶油。麵糊呈光滑油亮時即成。

烘烤

烤模裡鋪上烘焙紙。將麵糊倒進烤模裡。放入 200℃的烤箱烤 5 分鐘，然後將蛋糕表層用刀子劃開。再放入烤箱以 155℃烤約 35 分鐘。將刀子刺入蛋糕中心檢查熟度：如果刀面潔淨，表示蛋糕已烤熟。自烤箱取出脫模。

 師傅的訣竅：巧克力蛋糕並不需要用到調溫巧克力，使用可可含量高的黑巧克力即可。

« À LA MÈRE DE FAMILLE »
熟客速寫

姓：⋯⋯⋯⋯⋯⋯⋯⋯⋯⋯⋯⋯⋯ 威廉斯
名：⋯⋯⋯⋯⋯⋯⋯⋯ 湯瑪斯－夏特同
職業：⋯⋯⋯⋯⋯⋯⋯⋯⋯⋯⋯⋯ 作家
居住區：⋯⋯⋯⋯⋯⋯⋯⋯⋯ 布魯克林
常去的店舖：⋯⋯⋯⋯⋯ 巴黎七區克萊街的店，
在我太太外婆家附近

第一次光顧：⋯⋯⋯⋯⋯⋯⋯⋯⋯ 一年多前
光顧的頻率：⋯⋯⋯⋯⋯⋯⋯⋯ 一個星期一次
喜愛的巧克力：⋯⋯⋯⋯⋯⋯⋯⋯ 牛奶口味
食用巧克力的習慣：⋯⋯⋯⋯⋯ 完全無法停下來！

1
來店裡的最佳時機？
下午。當我想要喝（杯）
咖啡和吃些糖果時。每次
我到法國一定會去。

2
跟美食有關的，最棒的享
受是？
一杯香檳。

3
您喜歡和人分享的美食？
檸檬蛋糕。非常好吃但對
我一個人來說太大了！

4
您自個兒一人時喜愛的
是？
焦糖！

5
最浪漫的美食？
香檳，巧克力。

6
最滑稽有趣的美食？
好好吃一頓，那正是某些
極端嚴肅事情的相反面！

7
一段 和 À la mère de
famille 甜點有關的最佳
時光？
當我嚐完店裡所有口味的
那一天。之後的一整天我
再也無法隨便吞吃其他亂
七八糟的東西了。

8
如果舖子想送您一份禮
物？
香檳和水果軟糖。

9
À la mère de famille 對
您而言代表的是？
傳統，和最高的品質。

10
請 用 一 句 話 代 表 À la
mère de famille ？
生活是溫順甜美的。

11
À la mère de famille 的
祕密食譜是？
愛。

12
和其他店不一樣的是？
這店舖是由喜歡巧克力，
喜愛創新也喜愛吃巧克力
的一家人所有。而非一間
只想賣產品的公司。

13
談談您第一次和甜點舖的
相遇？
在寒冷一月的某一天，我
和老婆一起去。我買了糖
果給我母親，從此愛上了
這間店舖。

14
她的歷史給您的想法是？
À la mère de famille 從拿破
崙時代就已經存在了！

15
您為什麼喜愛 À la mère
de famille ？
因為她的橘色包裝袋！

檸檬蛋糕

2 個蛋糕

準備時間 15 分鐘
烘烤時間 40 分鐘

麵團
4 顆蛋
280 克糖
100 克鮮奶油
70 克奶油
220 克麵粉
4 顆黃檸檬
6 克泡打粉
1 小把糖漬檸檬絲

糖漿部分
250 克水
25 克黃檸檬汁
100 克糖

麵糊製作

先將黃檸檬洗淨。之後置於糖的上方，以刨絲器將外皮刨下，讓檸檬皮直接掉落在糖中，使糖吸收檸檬香味。將蛋和糖放入大碗中攪打。當顏色漸淺時加入溫的鮮奶油。加入篩過的麵粉和泡打粉。最後加進融化的奶油和糖漬檸檬絲，形成表面光滑油亮的麵糊。

烘烤

烤模內鋪上烘焙紙。倒入麵糊。放入 200℃的烤箱烤 5 分鐘，之後用刀在蛋糕表面劃開一道直線。再放入烤箱以 155℃烤約 35 分鐘。以尖刀刺入蛋糕中心探查熟度。如抽出刀面潔淨代表蛋糕已烤熟。脫模並放涼。熬製糖漿的方法是將糖、水及黃檸檬汁一起加熱至滾沸。以刷子沾取檸檬糖漿後刷在蛋糕的每一面上，或者將蛋糕快速地浸入冷糖漿中使其稍稍沾吸收糖漿。最後在蛋糕表面放上糖漬檸檬絲作為裝飾即完成。

保存方式：因為沾浸了檸檬糖漿，這款蛋糕的濕潤口感可以保存上好幾天。並且在良好的包裝下可以帶到郊外野餐，適合作為周末的點心或餐後甜點。

柳橙巧克力蛋糕

準備時間 15 分鐘
烘烤時間 40 分鐘

麵糊
4 顆蛋
280 克糖
100 克鮮奶油
70 克奶油
220 克麵粉
2 顆柳橙
6 克泡打粉

70 克水滴黑巧克力豆
一把裝飾用的糖漬橙皮絲

糖漿部分
100 克水
2 顆柳橙榨的汁
100 克糖

麵糊製作

先將柳橙洗淨。在糖的上方，以刨絲器刨下橙皮，讓橙皮直接掉落在糖裡，使糖吸收其香味。將蛋和糖放入大碗中攪打。當顏色漸淺時加入溫的鮮奶油。加入篩過的麵粉和泡打粉。再加進融化的奶油和水滴黑巧克力豆（留一些用於裝飾）。最後形成光滑油亮的麵糊。

烘烤

烤模內鋪上烘焙紙。將麵糊倒入，上層撒水滴黑巧克力豆。放入 200℃的烤箱烤 5 分鐘，之後用刀在蛋糕表面劃開一道直線。再放入烤箱以 155℃烤約 35 分鐘。以尖刀刺入蛋糕中心探查熟度。如抽出刀面潔淨代表蛋糕已烤熟。脫模並放涼。

沾浸糖漿

熬製糖漿的方法是將糖、水及柳橙汁一起加熱至滾沸。以刷子沾取柳橙糖漿後刷在蛋糕的每一面上，或者將蛋糕快速地浸入冷糖漿中使其稍稍吸收糖漿。最後在蛋糕表面放上糖漬檸檬橙皮絲作為裝飾即完成。

香料麵包

準備時間 15 分鐘
烘烤時間 40 分鐘

140 克麵粉	1 小撮鹽
160 克黑麥麵粉	150 克奶油
13 克酵母	3 克肉桂
100 克牛奶	2 克八角
350 克松香蜂蜜	200 克糖漬柳橙皮
3 顆蛋	

麵糊製作

先將牛奶、蜂蜜和鹽一起放入鍋中加熱，再加入香料浸泡。將麵粉和酵母一起過篩置於大碗中。放入蛋，和浸泡過香料的蜂蜜牛奶。倒入熔化的熱奶油，攪拌均勻。再放入切成小立方塊的糖漬柳橙皮。

烘烤

蛋糕模內鋪上烘焙紙。將麵糊倒入模具裡。以 145℃ 烤 40 分鐘。用刀子刺入檢查香料麵包的熟度。如果刀子抽出刀面乾淨則表示已烤熟。

 師傅的訣竅：也可使用其他的香料，例如芫荽籽、肉豆蔻、香草、小荳蔻等。

1791
~
1807

1761 ~ 1791
一間鄉村風格的店舖

1791 ~ 1807
一個父親的命運
*

1807 ~ 1825
自由的女人

1825 ~ 1850
在藝術生命之中

1850 ~ 1895
餅乾與糖果

一個父親
的命運

伯納夫妻漸漸致富，他們的三個女兒也在福布爾－蒙馬特慢慢長大。

貴族、藝術家、畫家、音樂家以及當時的詩人都被這間位於巴黎，具有迷人鄉村風格的地方所吸引，紛紛決定遷居到這一帶，住進新古典主義風格的房宅裡。福布爾－蒙馬特的氣氛讓所有的巴黎人開始談論起她。人們特別會提到的是這一區文化先驅的地位，還有她自由無拘和輕快活潑的特性。在這快樂熱鬧的生活步調裡以及革命性的喧騰動盪中，伯納夫婦的第二個女兒，珍，嫁給了讓－馬利·布里多。他是聖安托萬街著名香料店家族的兒子，對小舖情有獨鍾。這對年輕夫妻在一七九一年接手小舖，並更名為「布里多之店」。就在這時期，法式餅乾糖果店開始起了變化，位於隆巴爾街的傳統舊式商家已退流行，取而代之的是貴族式小巧精緻的店舖。布里多之店正是當時新潮流的代表……法國人開始注意到了餐食藝術，這對年輕夫婦的舖子不僅提供當時流行的小零嘴，還有能滿足細緻味覺的創新產品……於是布里多之店成了美食家的新樂園。但珍·布里多和她兩個小女兒的早逝使得店舖的命運遇到更大的轉折……獨自撫養大女兒的讓－馬利·布里多繼續在家傳的店舖裡工作。幾年之後，他認識了美麗的瑪莉－雅底拉伊德·德拉瑪赫，並決定再婚。是她確立了 À la mère de famille 的未來命運，並成為店舖的象徵人物。

一七九三年，正值法國大革命動亂時期，一位鄰近修道院的修女院長為了躲避群眾的攻擊而藏身店舖的地窖。為了報答布里多家提供的保護，她贈送給他們一份神奇香味糖漿的食譜……糖漿的產製一直到第二次世界大戰末，可惜後來這款糖漿的食譜神祕地消失了……

1895 ~ 1920	1920 ~ 1950	1950 ~ 1985	1985 ~ 2000	2000 迄今
童年的夢想	在地的靈魂	阿爾伯特和蘇珊娜	巧克力時代	歷史新頁

皇家糖漬水果庫克麵包

8 人份
準備時間 15 分鐘
烘烤時間 50 分鐘

黑麥麵粉..125 克

麵粉..125 克

松香或栗香蜂蜜..250 克

牛奶..125 克

奶油..80 克

泡打粉..5 克

切小立方塊的糖漬水果...250 克

肉桂..3 克

八角..2 克

薑..3 克

西洋茴香籽...3 克

麵團製作

將牛奶、蜂蜜放入鍋中加熱,加進香料浸泡其中。將麵粉和泡打粉一起過篩,置於一個大碗中。再加入香料蜂蜜牛奶和熔化的熱奶油。最後加進切成小丁的糖漬水果。

烘烤

在直徑 15 公分的圓烤模裡鋪上烘焙紙。倒入麵糊後放進 150℃的烤箱中烤 50 分鐘。以刀子刺入庫克麵包的中心,如果抽出的刀面潔淨,表示已經烤熟。

瑪德蓮

25 個瑪德蓮

準備時間 10 分鐘
烘烤時間 7 分鐘

190 克糖
4 顆蛋
240 克麵粉
6 克酵母
50 克牛奶
125 克奶油
10 克香草糖

器具
瑪德蓮模具

麵糊製作
將糖、香草糖和蛋放入大碗中攪拌。加入篩過的麵粉和酵母。加進牛奶和熔化的奶油。

烘烤
將麵糊均分倒入抹有奶油的烤模中。放入預熱 190℃的烤箱烤 7 分鐘。取出脫模。置於密封盒中的瑪德蓮可以保存一星期。

 師傅的訣竅： 在麵糊四周烤熟但中心未熟時，將烤箱的門快速打開再關閉，就可使瑪德蓮中央鼓起。

檸檬

開心果

覆盆子

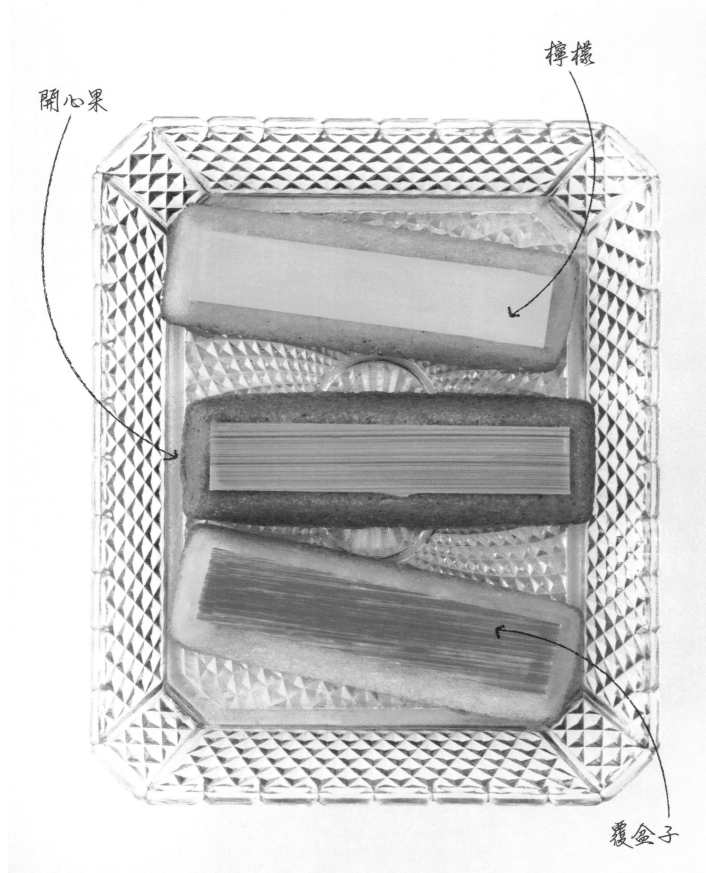

— À la mère de famille 情人蛋糕 —

牛奶巧克力 — 咖啡
黑巧克力

巴黎媽媽的檸檬情人蛋糕

每道食譜可做 10 份左右

每道食譜需 1 個小時

麵糊
170 克糖粉
70 克杏仁粉
6 顆蛋的蛋白
70 克麵粉
100 克奶油
刨絲檸檬皮

餡醬
50 克檸檬汁
1 顆蛋
70 克糖
70 克奶油

裝飾
白巧克力
巧克力上色用的黃色染劑*

器具
長磚形印模的矽膠板
1 張基塔紙

長磚糕
將糖粉、杏仁粉、蛋白和麵粉放入大碗中攪拌。加進檸檬皮和融化的奶油。將麵糊倒入模中（一份約 50 克），放入 180℃的烤箱烤 12 分鐘。

餡醬製作
將檸檬汁放入鍋中煮至滾沸。另將蛋和糖攪拌之後倒入檸檬汁中。再次煮滾後續煮 2 分鐘。加入奶油，以電動攪拌器攪打均勻後冷藏。

裝飾及拼合
先將白巧克力加熱融化，加入黃色染劑後調溫。在基塔紙上倒一層薄薄的巧克力。當快凝結時，分切成如長磚糕表層的大小。再將巧克力以兩層平板夾壓，以防彎翹變形，放入冰箱冷藏 10 分鐘。先在長磚糕上抹一層檸檬餡醬，再放上巧克力片。

＊巧克力上色用的染劑是脂溶性的粉劑。和染糖用的水溶性染劑不同。有些染劑是以可可脂做成的，方便直接加進巧克力中。

其他的情人們……

覆盆子

麵糊
170 克糖粉
70 克杏仁粉
6 顆蛋的蛋白
70 克麵粉
100 克奶油

餡醬
100 克覆盆子果肉
100 克糖

裝飾
白巧克力
紅色巧克力染劑*

器具
長磚形印模的矽膠板
1 張基塔紙

長磚糕
將糖粉、杏仁粉、蛋白和麵粉放入大碗中攪拌。加進融化的奶油。將麵糊到入模中（一份約 50 克），放入 180℃的烤箱烤 12 分鐘。

餡醬製作
將覆盆子果肉和糖放入鍋中，像製作果醬般熬煮。離火放涼冷藏。

裝飾及拼合
先將白巧克力加熱融化，加入紅色巧克力染劑後調溫。在基塔紙上倒一層薄薄的巧克力。當快凝結時，分切成如長磚糕表層的大小。再將巧克力以兩層平板夾壓，防止彎翹變形，放入冰箱冷藏 10 分鐘。
在長磚糕上先抹一層餡醬，再放上巧克力片。

巧克力

麵糊
170 克糖粉
70 克杏仁粉
6 顆蛋的蛋白
30 克可可粉
70 克麵粉
100 克奶油

餡醬
120 克鮮奶油
85 克黑巧克力
30 克奶油

裝飾
黑巧克力

器具
長磚形印模的矽膠板
1 張基塔紙

長磚糕
將糖粉、杏仁粉、蛋白和麵粉放入大碗中攪拌。加進融化的奶油。將麵糊到入模中（一份約 50 克），放入 180℃的烤箱烤 12 分鐘。

餡醬製作
將鮮奶油稍稍加熱，倒入巧克力中，攪拌使之均勻混合成甘納許（必須要光滑油亮）。加入奶油，攪拌均勻後放涼並冷藏。

裝飾及拼合
先將黑巧克力調溫後，在基塔紙上倒一層薄薄的巧克力。快凝結時，分切成如長磚糕表層的大小。再將巧克力以兩層平板夾壓，防止彎翹變形，放入冰箱冷藏 10 分鐘。
在長磚糕上抹一層甘納許餡醬，再放上巧克力片。

第 2 章

在 À la mère de famille，各式各樣的巧克力帶大家前往渡假勝地：托肯巧克力、波浪、比亞里茲之岩……全都是夏日慵懶的午後，無所事事（例如蔻克緹威＊）令人放鬆的回憶，就像是特地為能浸溶在熱牛奶而做的棒棒糖一般平易可親又令人回味無窮，一切都如同圍繞著童年時光般的美好。遵循專家的解說步驟，就能達到專業級的巧克力調溫技術，或者自己製作巧克力片！但最首要的是條件齊備，因為巧克力師傅的技藝絕非隨想即興，因此必須要準備：口感佳的調溫巧克力、用來測溫的溫度計，以及一張能讓巧克力像鏡面般光滑晶亮的基塔紙。

＊譯註：蔻克緹威為 Croque-TV 的音譯。蔻克（croque）法文的意思是咬，也有一口咬下硬脆物時所發出聲響的意思。以下食譜都是口感硬脆的甜點，故皆以蔻克為名。此處的緹威則是 TV 電視縮寫的音譯。Croque-TV「咬電視」意指看電視時吃的小零嘴。

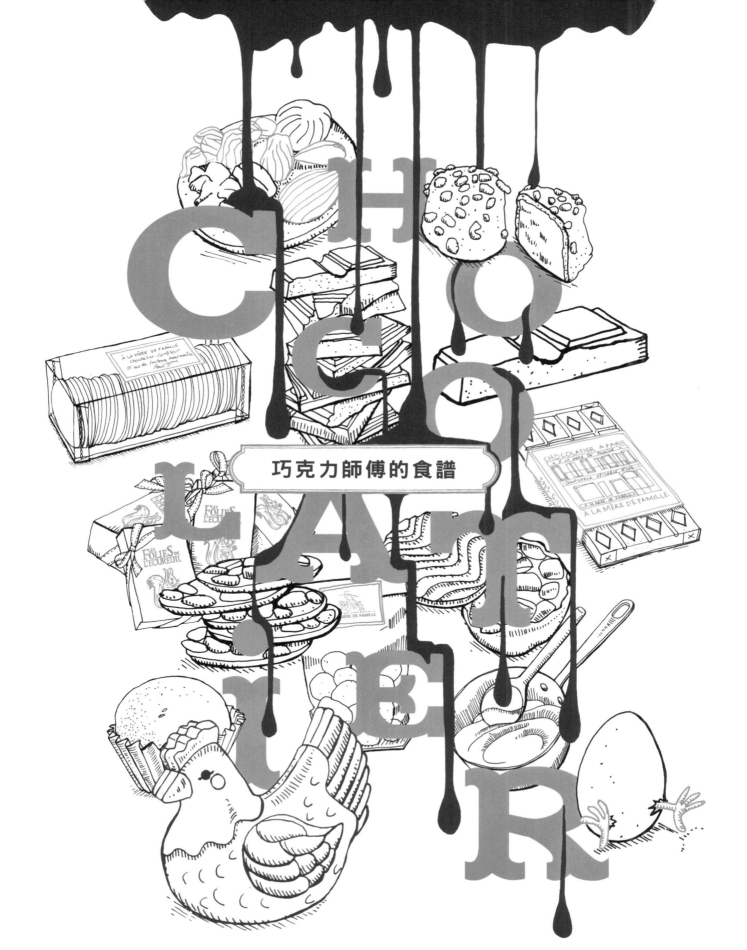

巧克力師傅的食譜

巧克力調溫詳解

準備時間 15 分鐘

600 克鈕扣型或碎形調溫巧克力，
若無可改用 600 克可可含量 70%的巧克力

器具
1 個碗
1 支烘焙刮刀
烘焙用溫度計

將三分之二的巧克力放入碗中，隔水加熱至熔化的溫度（參考下方溫度）。離火候加進剩餘三分之一的巧克力，以烘焙刮刀攪拌均勻。巧克力會全熔化，並降溫至冷卻溫度點。

最後，再加溫至製作溫度。用刀尖沾取一些巧克力，若在室溫下，巧克力很快凝結且質地均勻，就表示巧克力調溫完成。製作巧克力時，要注意讓巧克力保持在製作溫度，以免前功盡棄。

黑巧克力
熔化溫度：50℃
冷卻溫度：29℃
操作（製作／使用）溫度：32℃

牛奶巧克力
熔化溫度：45℃
冷卻溫度：27℃
操作（製作／使用）溫度：31℃

白巧克力或上色巧克力
熔化溫度：40℃
冷卻溫度：26℃
操作（製作／使用）溫度：30℃

朱利安・麥瑟朗
的獨門技巧

堅果焦糖餡

500 克

準備時間 1 小時

250 克杏仁
或 250 克榛果
或 125 克的杏仁和 125 克的榛果
250 克細砂糖

烘烤堅果

烤箱預熱至 160℃，將堅果放入烤箱烤約 10 分鐘。取出放涼，將榛果放掌間搓掉外層膜。

熬煮焦糖

選一個夠大的鍋子，放入砂糖，加熱熬煮成焦糖。加進烤過的堅果攪拌均勻。倒在矽膠墊上，並在室溫下放涼。

攪碎混合

先將焦糖掰成小塊，放入電動攪拌器中攪打。首先焦糖會打成粉狀，升溫的同時會使堅果內含的油脂成份釋出，繼續攪拌後會呈現膏狀：這就是堅果焦糖餡。製作時最好分次攪打，以免機體過熱。將堅果焦糖餡置於密封盒中，於 18℃ 乾燥的環境下保存。如果保存時間過久，油脂會集中於表層，只要在使用前加以攪拌即可。

堅果焦糖餡是許多巧克力糖果製法中的重要主角。它也適用於奶油霜，冰淇淋等的製作……

 口味變化：也可以選用其他堅果類來代替（核桃，開心果，花生……），或者在熬煮時加入咖啡，或是其他香料，做成不同香味的堅果焦糖餡。

芙洛杭丹杏仁巧克力酥片

約做 40 片

準備時間 1 小時
靜置 15 分鐘

130 克糖
70 克蜂蜜
70 克鮮奶油
70 克糖漬柳橙或金桔皮
150 克可可含量 70%的黑巧克力
或甜點專用牛奶巧克力

150 克杏仁薄片

器具
烘焙用溫度計
矽膠材質的小圓派模具

蜂蜜奶油糊製作

將糖、蜂蜜和鮮奶油一起放入鍋中加熱至 118℃。加入切成小丁的糖漬柳橙或金桔皮,以及杏仁薄片,然後拌勻。用湯匙將奶油糊舀填進矽膠材質的小圓派模具中。

烘烤

放進 170℃的烤箱內烤至表面呈漂亮的金色。取出後立即脫模放涼。準備調溫巧克力（參閱第 46 頁）。用湯匙舀起巧克力漿,在杏仁酥背面淋上一層薄薄的調溫巧克力漿。靜置放涼約 15 分鐘即可享用。芙洛杭丹杏仁巧克力酥片置於密封盒中可保存 10 天。

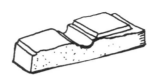

 師傅的訣竅：即使初次做的酥片沒辦法成漂亮的圓形,大小也不一致（甚至更糟）,您會發現它們絕對比超市買的還要好吃,這是肯定的。

復活節綜合小巧克力

準備時間 20 分鐘
靜置 30 分鐘

200 克品質佳的黑巧克力、牛奶巧克力或白巧克力
（最佳選擇是調溫巧克力）

器具
復活節綜合巧克力模
附有直徑 0.4 公分嘴套的擠花袋
烘焙用溫度計

巧克力製作
準備調溫巧克力（參照第 46 頁）。
用棉花將巧克力模仔細清過，使得模具內面乾淨無雜質。擠花袋填滿巧克力後擠入模子裡。輕敲模具排出氣泡，再將表面多餘的巧克力以刮刀刮除。

冷藏
將模具放入冰箱冷藏 30 分鐘，然後脫模。
放入盒中保存於乾燥涼爽（最佳溫度為 18℃）處。

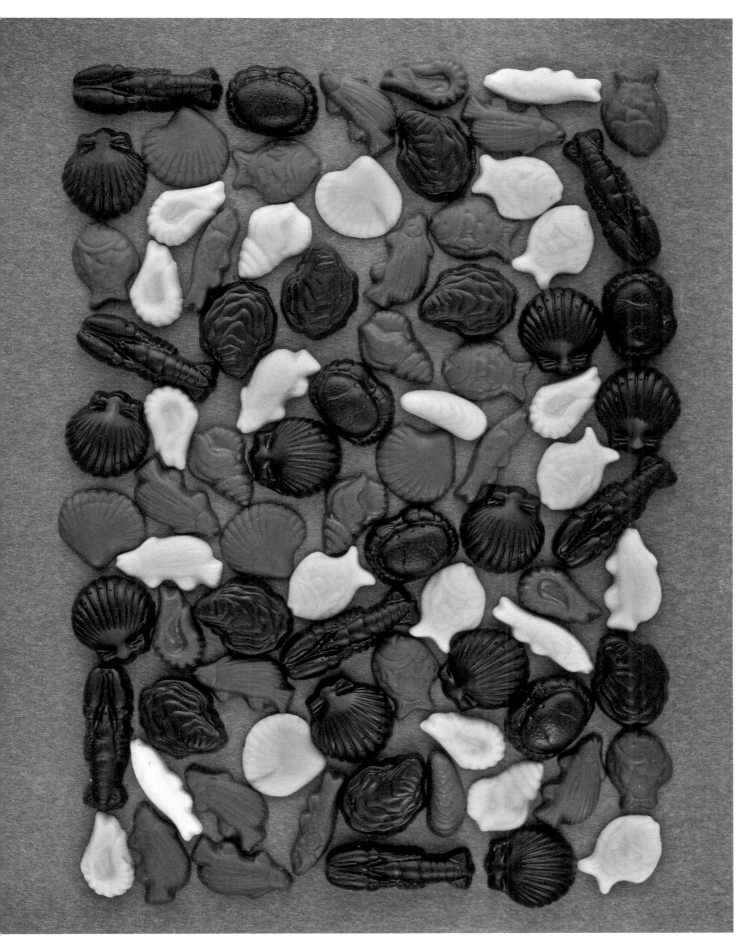

復活節巧克力蛋

1 個 120 克（10 公分）的巧克力蛋

準備時間 1 小時
靜置 30 分鐘

200 克品質佳的黑巧克力，牛奶巧克力或白巧克力
（最佳選擇是調溫巧克力）
份量請參照實際模具大小

器具
復活節巧克力蛋模型
烘焙用溫度計

巧克力半球製作
準備調溫巧克力（參照第 46 頁）。用棉花將半球模具清乾淨。倒入巧克力，輕敲模具以利氣泡排出。將模具置於碗上方，輕輕敲模具使多餘的巧克力流掉。將模具倒扣置於烘焙紙上。靜置使巧克力凝結，也就是在 18℃ 的溫度下靜置 15 分鐘。之後將烘焙紙拿掉，以刮刀或刮板將邊緣多餘的巧克力刮除。重複相同的步驟再上一層巧克力。

冷藏
將模具放入冰箱冷藏 20 分鐘後脫模。

拼飾
將兩個半球的黏合面放在倒扣的、並且事先熱過的鍋底表面，使其稍稍熔化。如此半球便能相互黏合。

師傅的訣竅：注意！手指若碰觸巧克力球面就會留下指印。所以要使用手套或是在巧克力球上包覆保鮮膜。

巧克力蛋

{ 步驟解析 }

1

第 1 步
~
將巧克力倒入模型後，
倒出多餘的巧克力漿。

2

第 2 步
~
將模具倒扣，置於烘焙紙上。

3

第 3 步
~
用刮刀或刮板將多餘的
巧克力刮除。

6

第 6 步

~

將兩個半球黏合。

4

第 4 步

~

將巧克力蛋半球脫模。

5

第 5 步

~

將巧克力蛋半球的黏合面
放在一只倒扣的、並且
事先熱過的鍋底面,
使其稍稍熔化。

完成

復活節巧克力雞的製作

1 隻母雞

製作時間 3 小時
靜置 30 分鐘

200 克品質佳的黑巧克力、
牛奶巧克力或白巧克力
（最佳選擇是調溫巧克力）
50 克杏仁膏
黃色及紅色的液狀染劑

器具
基塔紙
2 個半球或 1 個直徑 12 公分的碗
1 個蛋型模具
烘焙用溫度計

每一部分的製作
先畫出雞冠，尾羽，翅膀，下巴肉髯。準備調溫巧克力（參照第 46 頁）。製作縱剖面的半顆蛋型巧克力當底座，兩個半球型當雞身，每個部位皆重覆步驟成兩層巧克力（參照復活節巧克力蛋的做法）。將基塔紙鋪於平盤上，將巧克力漿倒入，抹平成厚約 0.5 公分的巧克力，靜置使之凝結。用薄刀順著紙型將每一部位（雞冠，尾羽，翅膀，下巴肉髯）切刻下來，鋪上一層烘焙紙，再壓上一塊平板，以防止巧克力凝結時彎翹。放入冷藏 30 分鐘。

拼飾
將每一部位脫模。加熱鍋子的底部後倒扣，將兩個半球的黏合面置於鍋底表面使之稍稍融化，再將之黏合。固定幾分鐘直到半球完全黏合。再將巧克力球體黏於半個蛋型上（參照第 60 頁）。利用巧克力漿將雞冠與下巴肉髯黏合於適當位置。將雞身尾羽和翅膀的位置稍稍加熱，再利用巧克力漿將以上部位黏合。

完成
將三分之一的杏仁膏以黃色染劑染色，另三分之一染成紅色。將黃色杏仁膏揉成圓球狀，一端稍稍搓尖成嘴狀後黏合固定於下巴肉垂（肉髯）上端。將白色杏仁膏搓成兩個圓球再稍稍壓扁成眼睛，之後黏合於嘴的上端。用紅色杏仁膏搓成一端呈尖形的三份小條，相互黏合成爪。接著黏於雞爪部位，最後再加上黑巧克力當作眼珠。

巧克力雞

{步驟解析}

第 1 步
~
將巧克力鋪於基塔紙上
成 0.5 公分的厚度。
等待巧克力開始凝結。

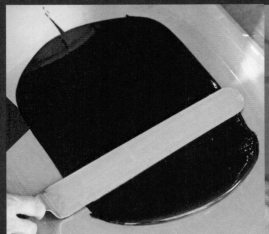

第 3 步
~
將鍋子底部加熱後倒扣。
再將兩個半球的黏合面置於其上
使之稍稍熔化。

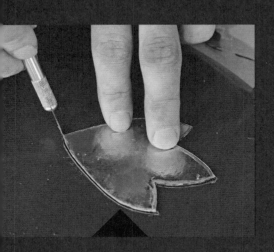

第 2 步
~
用薄刀和紙型將切刻所需的
各個部位（雞冠，尾羽，翅膀，
下巴肉髯）。

第 4 步
~
黏合並固定幾分鐘。

5

第 5 步
~
將刮刀稍稍加熱，
置於半顆蛋型巧克力上
使之熔化。

6

第 6 步
~
將巧克力球體黏合於其上。

7

第 7 步
~
將翅膀及尾羽的位置稍稍加熱，
再利用巧克力把各部位黏上。

8

第 8 步
~
將紅色杏仁膏搓成三段
一端呈尖形的條狀，
黏合成爪型後
再固定在雞身球體下方。

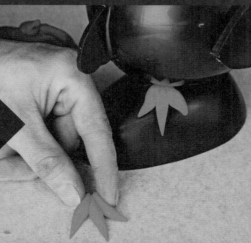

9

第 9 步
~
用黃色杏仁膏做出嘴型，
白色杏仁膏做眼睛，
再加上黑巧克力當眼珠。

完成
~

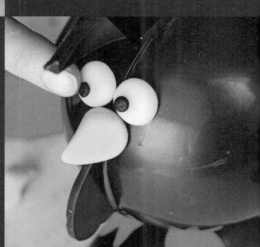

1807
~
1825

自由的
女人

一八〇七年店舖的命運就此確立。瑪莉－雅底拉伊德在丈夫過世後，獨力撫養四個孩子。她是個相當有個性的女子，大方、美麗、又獨立。

對於自己在忙碌這間和丈夫一起建立的舖子之餘，還能兼顧孩子們的教育，她也深感自豪。為了實現他們最初的理想，她成為了店裡唯一的負責人，這在當時對一個女人而言是非常特殊的。人們稱她「寡婦布里多」，她日以繼夜地工作，不斷地實現她所想要的風格。她雇用新學徒，為顧客提供當時最流行的小零嘴，並將法國其他地區的甜食介紹到巴黎來。她親自到各處品嘗並帶回當時在巴黎找不到的其他甜食。獨立開放自由的作風很快地使她成名。接著，店舖的名聲也散播到了各地。就在同一時期，巴黎漸成了奢華和流行的中心，當時著名的美食評論家，亞歷山大·巴爾達札·葛里莫·德拉瑞尼耶奠定了店舖神聖不可動搖的地位。一八一〇年第七期《美食年鑑》的報導使寡婦布里多的店舖得到許多讚揚。被這位年輕貌美寡婦的魅力所吸引，這位美食評論家頭一遭用一整個版面來詳述店舖，並稱頌那是「一間值得消費者注意的店……大膽、美味、又有和藹可親，熱愛事業的布里多夫人的最佳管理……」，巴黎媽媽甜點舖因此聲名大噪，並從此在巴黎美食界占了一席之地。

法國大革命之後，歷經執政府和法蘭西第一帝國時期的巴黎人，重新發現日常生活中的歡樂，尤其是美食。說到這運動，不得不提亞歷山大·巴爾達札·葛里莫·德拉瑞尼耶這個人，他是當時美食俱樂部的發起人，並創立了飲食指南《美食年鑑》，將首都最好的店家介紹給巴黎人。

1895 ~ 1920	1920 ~ 1950	1950 ~ 1985	1985 ~ 2000	2000 迄今
童年的夢想	在地的靈魂	阿爾伯特和蘇珊娜	巧克力時代	歷史新頁

手指餅乾

約可做 20 塊
準備時間 15 分鐘
烘烤時間 10 分鐘

雞蛋...4 顆
糖...100 克
麵粉...100 克
糖粉

麵糊製作

將蛋黃與蛋白分開。
以電動攪拌器將蛋白打發,慢慢加入糖。
用烘焙刮刀輕輕將蛋黃拌進打發的蛋白裡。再加入篩過的麵粉並小心均勻拌和。

烘烤

烤箱預熱 170℃。
用湯匙將麵糊一匙匙舀起放在烘焙紙上。撒上糖粉之後放入烤箱。以170℃烤 8 至 10 分鐘。當表面呈漂亮的金黃色時即代表烤好了。放在密封盒中置於乾燥處保存。

榛果蔻克

500 克

準備時間 15 分鐘
靜置 20 分鐘

200 克品質佳的黑巧克力，牛奶巧克力或白巧克力
（最佳選擇是調溫巧克力）
200 克榛果

器具
烘焙溫度計

準備榛果和巧克力

先將榛果放入 160℃的烤箱烤約 15 分鐘，取出後置於雙掌間搓掉外層薄膜。準備調溫巧克力（參照第 46 頁）。將溫熱的（20℃）全顆榛果和巧克力一起拌勻。倒入鋪有烘焙紙的烤盤上，稍微抹平成厚度約 1 公分的巧克力糊。

冷藏

放入冷藏 20 分鐘。自烤盤取下，以槌子敲成塊。
榛果蔻克置於乾燥涼爽的地方可保存一個月。

巧克力，榛果，再敲個幾槌，真的就足以帶給人們快樂？

堅果焦糖法式牛軋蔻克

25塊

準備時間 1 小時
靜置 1 小時

長形法式牛軋糖
（參照第 138 頁法式牛軋糖食譜）
200 克堅果焦糖餡（參照第 48 頁）
50 克甜點專用牛奶巧克力
白巧克力，杏仁粉
包覆層用的綠色染劑

器具
附有直徑 1.2 公分嘴套的擠花袋
烘焙用溫度計

堅果焦糖口味的法式牛軋糖製作

先準備好 50 個 1 公分 ×3 公分的長型法式牛軋糖。將牛奶巧克力加熱融化
後加入堅果焦糖餡裡。放涼並不時地攪拌使之成濃稠膏狀。填入擠花嘴直
徑 1.2 公分的擠花袋裡，將牛奶焦糖餡直接擠在法式牛軋糖上，之後再放上
一塊法式牛軋糖。放涼 1 小時。

包覆

先將幾滴綠色染劑滴入杏仁粉。準備調溫白巧克力（參照第 46 頁）。利用
叉子將蔻克浸入白巧克力漿中，再放入杏仁粉中稍稍滾動。最後輕拍掉多
餘的粉。
置於乾燥涼爽處保存。

比亞里茲之浪

600 克

準備時間 20 分鐘
靜置 2 小時

500 克品質佳的黑巧克力，牛奶巧克力或白巧克力
（最佳選擇是調溫用巧克力）
200 克綜合堅果：原味杏仁，松子，開心果
糖漬橘皮，葡萄乾

器具
基塔紙
烘焙用溫度計

巧克力和乾果的製作

將杏仁放入 160℃的烤箱烘烤約 15 分鐘。準備調溫巧克力（參照第 46
頁）。將巧克力平鋪於基塔紙上，抹平成長方形厚度為 0.5 公分的巧克力
糊。將乾果灑在巧克力表層。

塑形

當巧克力開始凝結，把基塔紙鋪在兩根放在工作台上的棍子上，使得巧克
力呈波浪狀。接著讓巧克力在 18℃的溫度中靜置 2 個小時直到完全凝結。
將基塔紙小心地拿掉。比亞里茲之浪在乾燥涼爽的地方可保存 1 個月。

衝浪家都知道比亞里茲之浪。而另一個比亞里茲之浪則為美食家
所熟識，在肚子有點兒餓時，美味的香脆口感如海浪般層層湧上
舌尖，衝擊著對巧克力滿懷愛戀人們的味蕾。

蔻克緹威

20 塊

準備時間 15 分鐘

牛奶巧克力和咖啡
200 克牛奶巧克力
7 克研磨咖啡
黑巧克力和杏仁
200 克黑巧克力
40 克烘烤過的碎杏仁
黑巧克力和可可碎粒
200 克黑巧克力
40 克可可碎粒

白巧克力和開心果
200 克白巧克力
40 克碎開心果

器具
基塔紙
烘焙用溫度計

將一大滴調溫巧克力（參照第 46 頁）倒在一張基塔紙上，再用湯匙壓抹成貓舌形狀。放涼後仔細拿起，置於乾燥處保存。

牛奶巧克力和咖啡
將研磨咖啡加入調溫巧克力中。

黑巧克力和杏仁
在貓舌形巧克力上灑上碎杏仁。

黑巧克力和碎可可粒
在貓舌形巧克力上灑上碎可可粒。

白巧克力和開心果
在貓舌形巧克力上灑上碎開心果。

優先選擇調溫巧克力（在專門店找得到），比較容易操作，成品品質較佳。如果沒有，亦可採用可可含量高的巧克力。

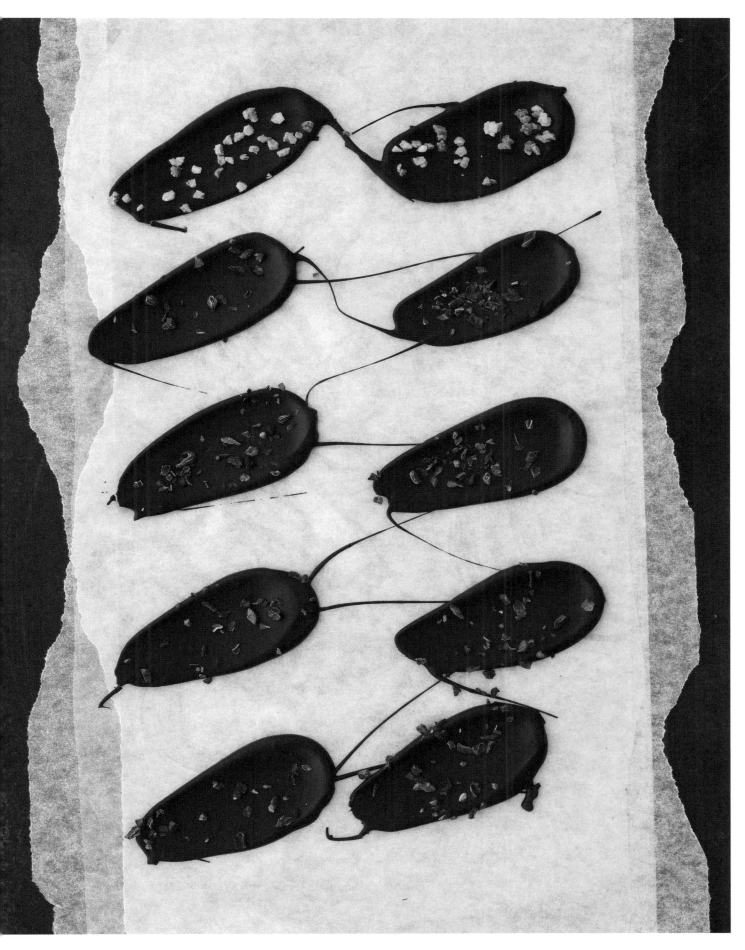

姓：……………………………… 蒙嘉
名：……………………………… 史提芬
職業：…………………………… 古董商
居住區：………………………… 杜歐
常去的店舖：總店，福布爾－蒙馬特街以及在雪爾許－米蒂街的店。

第一次光顧：好久以前，但自四、五年前這裡重新換了活力充沛的面貌後更常去了。
光顧的頻率：一個月一次，就像去看矯正醫師，一定得去！
喜愛的巧克力：………………………………… 黑巧克力
食用巧克力的習慣：………………… 完全無法停下來！

1
來店裡的最佳時機？
中午時分，在我每天進杜歐拍賣會場之前充一下電。不論哪個季節都一樣，但我絕不會錯過的是聖誕節和復活節才有的甜點。

2
跟美食有關的，最棒的享受是？
就像坦塔洛斯的詛咒，想吃吃不到，想喝喝不著。也就是當我的眼光熟練地在櫥窗陳列架來回搜尋的時候，其實在美食入口之前，我的眼裡早已飽嚐美味。

3
您個人和飲食有關的小嗜好？
小酌百年頂級蘭姆酒，就像這裡的甜點一樣，不是嗎？

4
您兒時記憶中的糖果？
璀茲糖*。

5
您想跟人分享的美食是？
巧克力雙層泡芙塔……而且上層要給我。

6
最浪漫的美食？
和心愛的人坐在最大一棵樹上頭最高的樹枝，一起吃粉色和淡藍色的棉花糖。

7
最好笑的美食？
阿爾福瑞*！2009 年耶誕那款讓人喜愛到心都融了的卡通角色。

8
是否有哪種甜食曾給過您靈感？
我曾經愛上一款做成尤魯巴面具形狀的巧克力，很自然地就把它當成我的非洲藝術收集品之一，而且還將它冷藏在冰箱一年半，完全沒想過要吃掉。不賴吧！

9
一段和 À la mère de famille 的甜點有關的最佳時光？
一天我終於決定把前面提到的面具巧克力解決掉（獨自一人），它吃起來居然就像當初看起來的那麼棒。

10
如果舖子想送您一份禮物？
隨她想送甚麼都好！我完全信任她！橙色的盒子和那著名的緞帶一直是溫暖柔美的預示（象徵／代表）。

11
À la mère de famille 對您而言代表的是？
魔鬼！但有它們存在真好。

12
請用一句話代表 À la mère de famille？
追憶似水年華。

13
À la mère de famille 的祕密食譜是？
幽默詼諧。

14
她的歷史給您的想法是？
尊重的和溫柔的。

15
您為什麼喜愛 À la mère de famille？
不須解釋，就是如此。

*譯註：璀茲糖（treets）是 1960 年代源自於英國，以牛奶巧克力包覆花生的甜食。也是今日 M & M's 巧克力的前身。

*譯註：2009 年耶誕，À la mère de famille 依傳統出了一系列應景的巧克力甜點。其中有一組是可愛的麋鹿造型。每隻麋鹿都有自己的名字。白巧克力做的叫阿爾福瑞，牛奶巧克力是米爾頓，黑巧克力是提伯。

礁岩巧克力

約可做 10 塊

準備時間 40 分鐘
靜置一晚 + 1 小時 15 分

器具
烘焙用溫度計

岩礫巧克力
杏仁堅果焦糖餡

300 克堅果焦糖餡（參照第 48 頁）
80 克甜點用牛奶巧克力
包覆用的黑巧克力
和烘烤過的杏仁碎粒

準備乳香堅果焦糖巧克力餡
熔化牛奶巧克力，再和堅果焦糖餡
拌勻，在 18℃ 的環境下放置一晚。
再分成 40 克的球狀，放涼 15 分鐘
使之成型。

製作岩礫巧克力
先準備調溫黑巧克力，加進烘烤過
的杏仁碎粒，使每一顆堅果焦糖均
勻包覆上巧克力。將岩礫巧克力成
品置於烘焙紙上。放涼 1 個小時使
巧克力凝結。存放於乾燥處。

岩礫巧克力
開心果堅果焦糖餡

270 克堅果焦糖餡（參照第 48 頁）
80 克甜點用牛奶巧克力
30 克開心果膏
包覆用的黑巧克力
和烘烤過的開心果碎粒

準備乳香堅果焦糖巧克力餡
熔化牛奶巧克力，再和堅果焦糖
餡，開心果膏一起拌勻，在 18℃ 的
環境下放置一晚。再分成 40 克的
球狀，放涼 15 分鐘使之成型。

製作岩礫巧克力
先準備調溫黑巧克力，加進烘烤過
的開心果碎粒，用叉子讓每一顆堅
果焦糖餡均勻包覆上巧克力。將岩
礫巧克力成品置於烘焙紙上，灑一
些開心果碎粒在表面上。放涼 1 個
小時使巧克力凝結。存放於乾燥
處。

岩礫巧克力
芝麻堅果焦糖餡

270 克堅果焦糖餡（參照第 48 頁）
80 克甜點用牛奶巧克力
30 克黑芝麻膏
包覆用的黑巧克力和烘烤過的芝麻

準備乳香堅果焦糖巧克力餡
熔化牛奶巧克力，再和堅果焦糖
餡，芝麻膏一起拌勻，在 18℃ 的環
境下放置一晚。再分成 40 克的球
狀，放涼 15 分鐘使之成型。

製作岩礫巧克力
先準備調溫黑巧克力，加進烘烤過
的芝麻，用叉子讓每一顆堅果焦糖
餡均勻包覆上巧克力。將岩礫巧克
力成品置於烘焙紙上，灑一些烤過
的芝麻粒在表面上。放涼 1 個小時
使巧克力凝結。存放於乾燥處。

對於想抗拒巧克力誘惑的人，這無疑是個暗礁陷阱……

比亞里茲之岩

準備時間 30 分鐘

100 克黑巧克力或牛奶巧克力
120 克條形杏仁角
40 克糖漬橙皮小丁

器具
烘焙用溫度計

將條形杏仁角放入 160℃烤箱裡烘烤一下。
準備調溫巧克力（參照第 46 頁）。加入杏仁和橙皮丁，均勻拌合。利用湯
匙塑形成一塊塊岩礫狀的巧克力，置於烘焙紙上。放入冰箱冷藏 15 分鐘使
之凝結，再將烘焙紙取下。置於乾燥涼爽處可保存 1 個月。

金圓巧克力

約可做 50 塊金圓巧克力

準備時間 55 分鐘
靜置一晚，之後 2 個小時

200 ＋ 500 克可可含量 70%的黑巧克力
240 克鮮奶油
40 克膏狀無鹽奶油
1 根香草莢
金箔

器具
擠花袋
2 張基塔紙
烘焙用溫度計

甘納許的製作

先將 200 克的黑巧克力碾碎放入大碗內。加熱鮮奶油至微滾時，加入香草莢。接著將鮮奶油過濾倒入巧克力中。以烘焙刮刀輕輕攪拌，使甘納許乳化均勻。當溫度降至約 30℃時，加進膏狀奶油。完成攪拌步驟。覆上保鮮膜後放置一晚使甘納許變凝稠。

圓片塑形

隔日，將甘納許裝填入擠花袋中，在一張基塔紙上擠出每個約 8 到 10 克的小球狀。蓋覆另一張基塔紙後輕輕壓平成厚約 1 公分的圓片。於 18℃處靜置至少兩個小時。

巧克力包覆

將剩下的黑巧克力調溫（參照第 46 頁）。將圓片巧克力上的基塔紙拿開，利用烘焙刮刀或刷子，在每片巧克力上均勻塗刷包覆上一層薄薄的調溫巧克力。靜置使巧克力凝結，之後將巧克力圓片翻面，底面一樣塗刷上黑巧克力。每片巧克力都包覆完成後置於基塔紙上，最後在表面放上一小片金箔即完成。

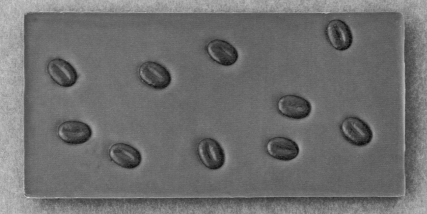

巧克力片

3 片

準備時間 15 分鐘

器具
烘焙用溫度計

綜合乾果

300 克好品質的黑巧克力（以包覆用
的調溫巧克力為最佳選擇）
30 克榛果
30 克杏仁
20 克葡萄乾
10 克開心果
20 克糖漬橙皮

將乾果先烘烤過。準備調溫巧克
力，倒入巧克力片的模子中（每片
約 100 克），將乾果均勻灑於表
面。放入冰箱冷藏 20 分鐘後取出脫
模。

糖漬橙皮

300 克好品質的黑巧克力（以包覆用
的調溫巧克力為最佳選擇）
150 克糖漬橙皮丁
一點兒柑曼怡酒

將糖漬橙皮丁放入柑曼怡酒中使橙
皮丁分開。準備調溫巧克力，接著
倒入巧克力片的模型裡（每片約
100 克），再灑上橙皮，放入冰箱
冷藏 20 分鐘後取出脫模。

香脆巧克力片

300 克好品質的黑巧克力（以包覆用
的調溫巧克力為最佳選擇）
100 克脆片或爆香的米粒

準備調溫巧克力，倒入模型中（每
片約 100 克），表面灑上脆片或香
脆米粒。放入冰箱冷藏 20 分鐘後取
出脫模。

杏仁巧克力片

300 克好品質的黑巧克力（以包覆用
的調溫巧克力為最佳選擇）
100 克原味杏仁

杏仁放入烤箱以 160℃烘烤約 15 分
鐘。準備調溫巧克力，倒入模子中
（每片約 100 克），表面灑上敲碾
過的杏仁碎粒。放入冰箱冷藏 20 分
鐘後取出脫模。

保存方式：巧克力片置於乾燥陰涼處可存放一個月。

繽紛堅果

可做約 100 片，相當於 700 克

準備時間 1 小時 30 分

堅果焦糖的食材
200 克原味杏仁
200 克原味榛果
150 克糖
50 克水

外層包覆的食材
250 克可可含量 70%的黑巧克力
可可粉

器具
烘焙用溫度計

堅果包覆焦糖的步驟

先將杏仁和榛果稍微烘烤過。在一只鍋子裡放入水和糖以 118℃加熱熬煮成糖漿。再加進杏仁和榛果。繼續以小火加熱，同時以木質平鏟不斷攪拌。糖漿包覆了堅果以後，會慢慢凝結而形成一層糖砂。繼續攪拌直到焦糖開始形成，但不要等到完全融化。將杏仁和榛果取出放在盤上待涼。並注意每顆堅果彼此不會互相沾黏。

外層包覆

將杏仁和榛果放入大碗中，準備調溫巧克力（參照第 46 頁），以平鏟攪拌舀起後慢慢地澆淋在堅果表面上，當巧克力開始凝結變硬時再澆淋一次。記得要持續攪拌。最後灑上一層可可粉，並拍掉多餘的粉後即完成。

托肯巧克力

約做 50 塊

準備時間 40 分鐘
靜置 30 + 15 分鐘

300 克堅果焦糖餡（參照第 48 頁）
80 克甜點用牛奶巧克力
30 克法式薄脆捲碎片
25 克烘烤過的杏仁碎粒

外層包覆用，
可可含量 70%的黑巧克力可可粉

器具
附有直徑 1.2 公分
擠花嘴的擠花袋（可省略）
烘焙用溫度計

巧克力製作步驟
先將牛奶巧克力熔化，加入堅果焦糖餡拌勻，再加進法式薄脆捲碎片和杏仁碎粒。放涼，並隨時攪拌使之成膏狀。
利用附有直徑 1.2 公分嘴套的擠花袋，將上述牛奶巧克力堅果焦糖餡擠出呈長條狀。如果沒有擠花袋，可以直接塑型為直徑 1 公分的長條，大小盡量要一致。放涼靜置十分鐘使之變硬成形，接著切分為 4 公分長的小段。

裝飾
準備調溫巧克力（參照第 46 頁）。將托肯巧克力浸入調溫巧克力中，再放入可可粉中沾裹，篩掉過多的粉，存放於溫度為 18℃的乾燥處。

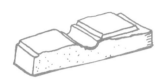

 變化口味：可以用巴西堅果取代杏仁，嘗試看看！

A LA MÈRE DE FAMILLE
35, Rue du Faubourg-Montmartre

NÉNUPHAR. — Impuissance, Froideur

A LA MÈRE DE FAMILLE
Mⁿ FONDÉE EN 1761
CONFISERIE ET DESSERTS

MAISON FOND
FAMILLE
biscuits
LEFÈVRE-UTILE
biscuits
LEFÈVRE-UTILE
35
VINS FINS
MAGASIN SPÉCIAL
FRUITS SECS POUR COMPOT
SECS
FRUITS
SPECIALITE
DE
MIEL
MÈRE DE FA

原味松露巧克力

約做 50 塊

準備時間 40 分鐘
靜置 24 小時

200 克可可含量 70%的黑巧克力
280 克鮮奶油
20 克奶油
外層包覆用的可可粉

甘納許＊的製作

先將巧克力切碎，加熱鮮奶油至微滾後，倒進巧克力中。用烘焙刮刀輕輕拌合使得甘納許乳化完全。注意不要拌進空氣。加入膏狀奶油，接著將甘納許置於 18℃的地方 24 小時使之凝結。

外層包覆

塑形成小球塊後放入可可粉中沾裹包覆一層可可粉。篩掉多餘的裹粉。松露巧克力在 20℃下可保存 5 天。

＊譯註：甘納許（ganache）基本的成分是巧克力，以及奶油、鮮奶油、牛奶等奶製品依
　需要以不同比例和組成加熱混拌而得，常做為甜點的內餡。

夢幻松露巧克力

約 50 塊

準備時間 40 分鐘
靜置 24 小時

咖啡

175 克可可含量 70%的黑巧克力
240 克鮮奶油
12 克壓碾過的咖啡豆
15 克奶油
300 克可可含量 70%的黑巧克力
和包覆外層用的可可粉

加熱鮮奶油至微滾後，加入咖啡浸泡 5 分鐘。過濾鮮奶油，再加熱後倒入切塊的巧克力中。以攪拌刮刀輕輕拌合使其乳化成甘納許。注意不要拌進空氣。加入膏狀奶油，將甘納許靜置於 18℃的陰涼處 24 小時，使其凝結。

塑形成小球塊，準備調溫黑巧克力（參照第 46 頁）。然後先將松露巧克力包覆上一層調溫巧克力，再沾裹上一層可可粉。篩掉外層多餘的可可粉。

乳香焦糖

70 克糖
100 克可可含量 70%的黑巧克力
150 克甜點用牛奶巧克力
190 克鮮奶油
30 克奶油
一小撮鹽
包覆用 300 克黑巧克力和可可粉或
100 克法式薄脆捲碎片

以乾式加熱法準備焦糖。加入溫熱鮮奶油降溫熬煮，再加進一小撮鹽。將焦糖倒入切成塊的巧克力裡。用攪拌刮刀輕輕拌合使之乳化成甘納許。注意不要拌進空氣。加入膏狀奶油，將甘納許置於 18℃的陰涼處 24 小時使之凝結。

塑形成小球塊，準備調溫黑巧克力（參照第 46 頁），將松露巧克力包覆上一層調溫巧克力，再沾裹上一層可可粉或是法式薄脆捲碎片。篩掉外層多餘的裹粉。

牛奶巧克力

250 克甜點用牛奶巧克力
150 克鮮奶油
30 克奶油
100 克外層包裹用的法式薄脆捲碎片

切碎巧克力，將鮮奶油加熱至微滾，倒入巧克力中。用攪拌刮刀輕輕拌合至乳化成甘納許（光滑有亮度）。注意不要拌入空氣，否則會使甘納許產生小氣泡而失敗。加入膏狀奶油，將甘納許置於 18℃的陰涼處 24 小時使之凝結。

塑形成小球塊，將松露巧克力放入法式薄脆捲碎片裡沾裹上一層脆片，篩掉多餘的碎屑。

 保存方式：置於乾燥處，最多 10 天。

乾果巧克力棒棒糖

10 支棒棒糖

準備時間 20 分鐘
靜置 30 分鐘

100 克可可含量 70％的黑巧克力
水果乾（蘋果，梨子，無花果，葡萄）
開心果

器具
棒棒糖木籤棒
基塔紙
烘焙用溫度計

巧克力製作

在紙上畫出直徑 7 公分的圓形，用來標定棒棒糖的尺寸。再將基塔紙鋪於其上。將水果乾切成小塊，準備調溫巧克力（參照第 46 頁），將烘焙紙捲成一端尖形的筒狀，再裝填入巧克力。

棒棒糖製作

先將木籤棒放在圓盤中央，然後在圓盤範圍內將巧克力以細線條擠出互纏的圖案。再將切碎的水果乾和開心果散鋪在交錯的巧克力線上，之後再擠出巧克力線條固定水果乾。將棒棒糖靜置於 18℃處 30 分鐘，最後輕輕地將棒棒糖自基塔紙上拿起即成。

變化口味：巧克力和堅果是傳統公認的好搭配，但這裡呈現的手法是優雅的棒棒糖形式。也可以自行創造想像一下不同的呈現手法，並試著用少見的水果口味：像是無花果，芒果等，或者是馬拉加大葡萄乾……好吃！

1825
~
1850

1761 ~ 1791

一間鄉村風格的店舖

1791 ~ 1807

一個父親的命運

1807 ~ 1825

自由的女人

1825 ~ 1850

在藝術生命之中

*

1850 ~ 1895

餅乾與糖果

在藝術生命之中

十九世紀前半葉，在巴黎第九區生活的貴族們漸漸地被藝術家和布爾喬亞所取代。

畫家、作家還有音樂家成了福布爾－蒙馬特街和著名精緻甜點鋪的常客。白遼士、蕭邦和喬治桑搬到了這個有著村落氣息的地區，也就在幾步路之遙的葛蘭吉－巴特里耶街，維克多雨果，聖伯夫、拉馬丁及繆塞等人每星期都在此會面。而布里多夫人的店則是此區唯一一間擁有眾多精緻甜點的舖子。於是，光顧甜點舖不只是種風潮，更是一種生活情調。一頓晚餐，或者是一場約會，要有來自 À la mère de famille 的甜點相伴，孩子們則喜歡到那兒欣賞櫥窗裡各式的甜點，甚至有遠道而來的人，為的就是來親身感受瑪莉－雅底拉伊德‧布里多所打造的店舖氛圍……她的長子費迪儂從小跟著媽媽在店裡，他的童年就是在看著媽媽如何接待客人，給客人建議，將店舖經營的有聲有色的日子中度過。他在那一區成長，也在那兒認識了約瑟芬，她是這棟房子起建時的主人的孫女……

兩人結婚之後，這房子最初的屋主一家和後來店舖經營者一家終於又結合成了一個更大的家庭。在這變得愈來愈流行的地區，約瑟芬和費迪儂傳承著象徵家族歷史的家業。

在此一時期，法國和英國之間緊張的情勢，使得一些來自於殖民地的食材（如蔗糖）面臨供貨斷絕的困境。拿破崙一世於是決定開發取代的產品：一八一二年，首次以工業化的方法成功地將甜菜根榨取成糖，也因此開啟了現代糖果業的發展。幾年之間，好些家製糖廠陸續成立，也使得糖果產業的發展更自由多樣。自此，傳統糕點店開始販售他們自行生產的果醬。而在一八三〇年發明了冰晶糖製法之後，糖果製造技術又更上層樓，工序也更加繁複。

1895 ~ 1920	1920 ~ 1950	1950 ~ 1985	1985 ~ 2000	2000 迄今
童年的夢想	在地的靈魂	阿爾伯特和蘇珊娜	巧克力時代	歷史新頁

諾內特小蛋糕

20 塊
準備時間 15 分鐘
烘烤時間 17 分鐘

麵糊和內餡

麵粉..275 克
糖..125 克
蜂蜜..200 克
牛奶..200 克
奶油..75 克
泡打粉..12 克
柳橙果醬..200 克

葛拉薩吉＊

糖粉..50 克
水..20 克

器具

直徑 5 公分的諾內特圈模

準備麵糊

將麵粉、泡打粉、糖放入大碗裡。牛奶和蜂蜜倒入鍋中稍稍加熱，微溫時倒入麵粉中攪拌，接著加入熔化的奶油。

烘烤

準備直徑 5 公分的諾內特圈模，鋪上烘焙紙，或用矽膠模。將圈模排放在鋪有烘焙紙的烤盤上，先倒入約 40 克的麵糊在模具裡，接著放上 10 克的柳橙果醬。如果果醬太稀，可使事先加熱後再使用。以 170℃ 烤 15 分鐘。
烘烤時果醬會被包覆在諾內特之中。

葛拉薩吉

將糖粉和水攪拌後，以刷子沾糖水點刷在每一個諾內特表面，接著將諾內特放入烤箱 2 分鐘。
取出放涼後再脫模。存放在密封盒中。

＊譯註：葛拉薩吉（glaçage），使甜點表層呈光滑亮面的技術。 以糖和水加熱成濃漿，或是將糖和蛋白液混合，塗刷於甜點表面。有時亦會加入檸檬汁、水果糖漿或染劑等，以增添風味及上色用。

巧克力歐瑞吉特

準備時間 30 分鐘
糖漬製作時間共 40 分鐘，分次於四天完成

歐瑞吉特
5 顆柳橙
440 克糖
水
鹽

外層包覆
300 克可可含量 70％的黑巧克力

器具
烘焙用溫度計

糖漬橙皮

先將柳橙洗淨削去外皮。將橙皮放入一公升加了一小撮鹽的滾水中煮 5 分鐘，撈出瀝乾。重複此一步驟。以 200 克糖和 400 克水熬煮成糖漿，將橙皮放入滾沸的糖漿中一晚。
隔日將橙皮取出後，再加入 60 克的糖，再次煮滾後放入橙皮浸泡。重複三次相同的步驟，每回加入 60 克的糖。糖漬橙皮完成後取出瀝乾置於室溫一天。然後切成所需大小。

外層包覆

準備調溫巧克力（參照第 46 頁），接著用叉子將每條歐瑞吉特沾浸包覆巧克力，排放在基塔紙上，放入冰箱冷藏 10 分鐘後取出。
保存於陰涼乾燥處。

 師傅的訣竅：最好使用有機的柳橙（否則就要將外皮徹底刷洗乾淨）。也可以試試葡萄柚皮，很特別！

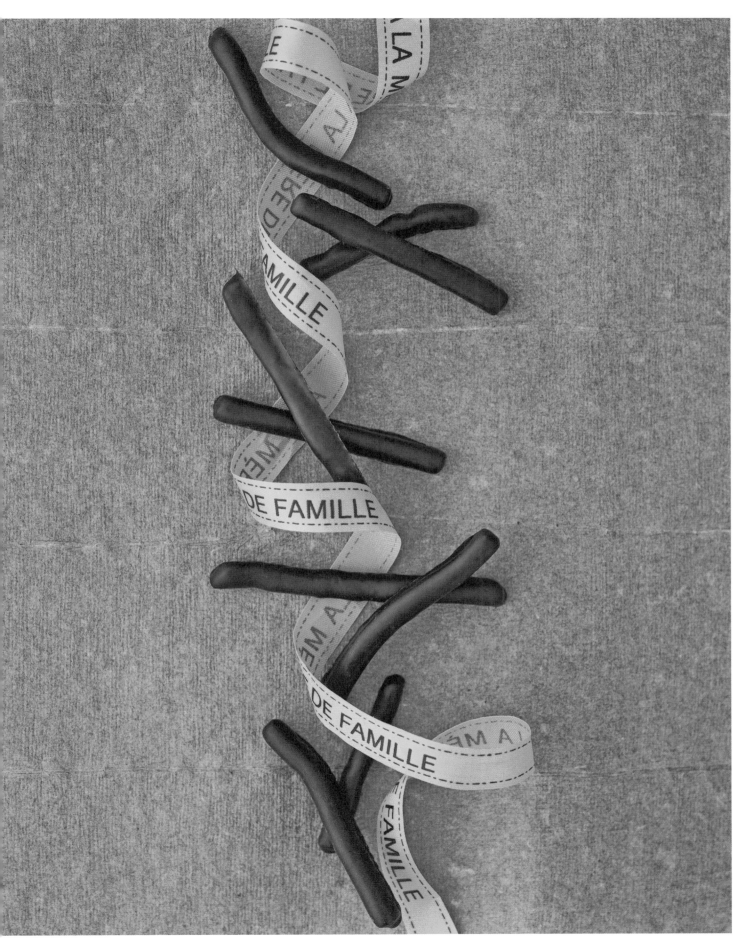

搭配熱牛奶的棒棒糖

10 根棒棒糖

準備時間 10 分鐘

器具
筒狀矽膠膜
木質棒
烘焙用溫度計

牛奶巧克力
榛果
200 克甜點用牛奶巧克力
25 克榛果膏

棒棒糖製作
準備調溫牛奶巧克力（參照第 46 頁），加入榛果膏後攪拌。倒入矽膠材質的錐狀或圓筒狀的模子裡（每個約 20 克）。中央放入木籤棒後，移入冰箱冷藏 15 分鐘後取出脫模。

品嘗
將 200 毫升的熱牛奶倒入杯中，再將巧克力棒棒糖放入攪拌至完全融化後即可享用。

黑巧克力
柳橙
200 克可可含量 70%的黑巧克力
4 滴柳橙香精

棒棒糖製作
準備調溫黑巧克力（參照第 46 頁）。加入香精並攪拌。
倒入矽膠材質的錐狀或圓筒狀的模子裡（每個約 20 克）。中央放入木籤棒後，移入冰箱冷藏 15 分鐘後取出脫模。

品嘗
將 200 毫升的熱牛奶倒入杯中，再將巧克力棒棒糖放入攪拌至完全融化後即可享用。

白巧克力
和椰絲
200 克白巧克力
20 克椰絲

棒棒糖製作
準備調溫白巧克力（參照第 46 頁）。加入椰絲並攪拌。
倒入矽膠材質的錐狀或圓筒狀的模子裡（每個約 20 克）。中央放入木籤棒後，移入冰箱冷藏 15 分鐘後取出脫模。

品嘗
將 200 毫升的熱牛奶倒入杯中，再將巧克力棒棒糖放入攪拌至完全融化後即可享用。

第 3 章

夢想！手作糖果，利用一個下午，將廚房變成糖果工作坊，享受一下，如果身旁有小孩，你將是他們崇拜的偶像！棉花糖、貝蘭蔻糖、奧爾吉糖，還有法式牛軋糖：接下來幾頁裡都是這些傳統糖果，讓你唾手可得。噢！太神奇了吧，裡頭甚至有（噓！小聲點兒）小熊棉花糖的食譜呢！不會吧？跟你保證是真的！

CONFISEUR

糖果師傅的食譜

À LA MÈRE DE FAMILLE

黑醋栗棉花糖

大約可做 50 塊邊長 3 公分的立方棉花糖

準備時間 25 分鐘
靜置 3 小時

70 克黑醋栗果泥
40 克水
50 克蜂蜜
240 克糖
15 克吉利丁
100 克蛋白
1 克紫色染粉（可不用）

75 克糖粉
75 克馬鈴薯粉

器具
烘焙用溫度計
電動攪打器

棉花糖製作
將吉利丁浸泡冷水 5 分鐘，撈起待用。在鍋裡放入黑醋栗果泥、水、蜂蜜和糖一起加熱攪拌至 114℃。同時用電動攪打器低速打發蛋白，再慢慢加入黑醋栗蜂蜜糖漿以及泡軟的吉利丁。將電動攪打器速度調高：黑醋栗蛋白糊體積還會增加，之後放涼。最後加入染色粉。

方形棉花糖切分
當黑醋栗蛋白糊降溫至 40℃時，倒入事先已灑上糖粉和馬鈴薯粉的平盤上，室溫放涼三個小時，之後再分切成立塊或者是其他形狀。分切後的棉花糖要灑上糖粉及馬鈴薯粉以防沾黏。

 方便簡單：一定要試試這棉花糖的作法，比我們想像的還要簡單得多！

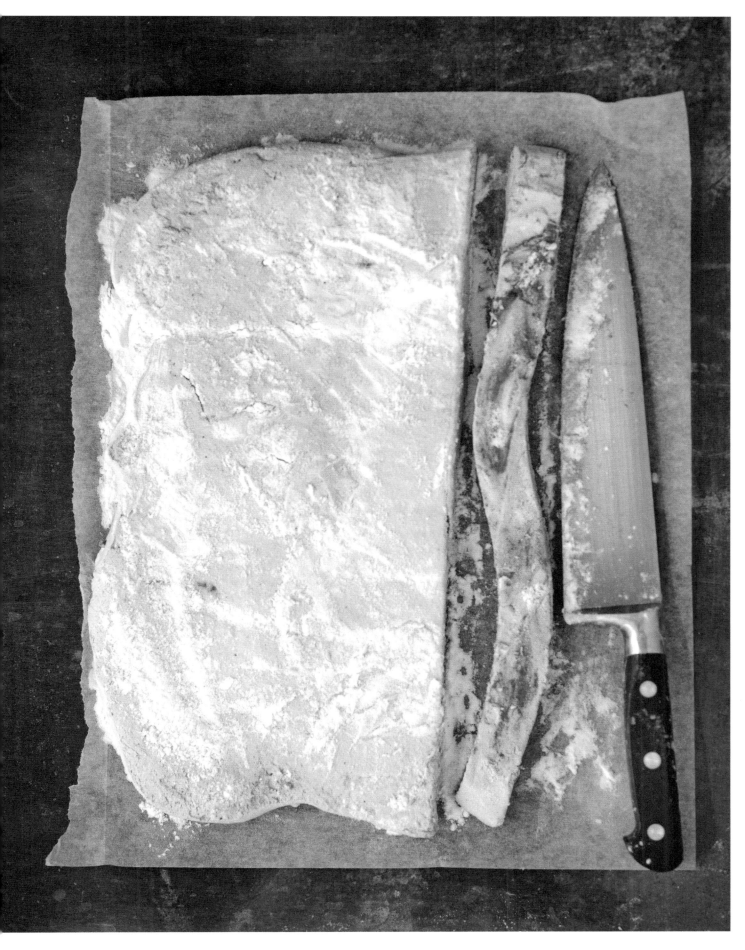

棉花糖

{ 步驟解析 }

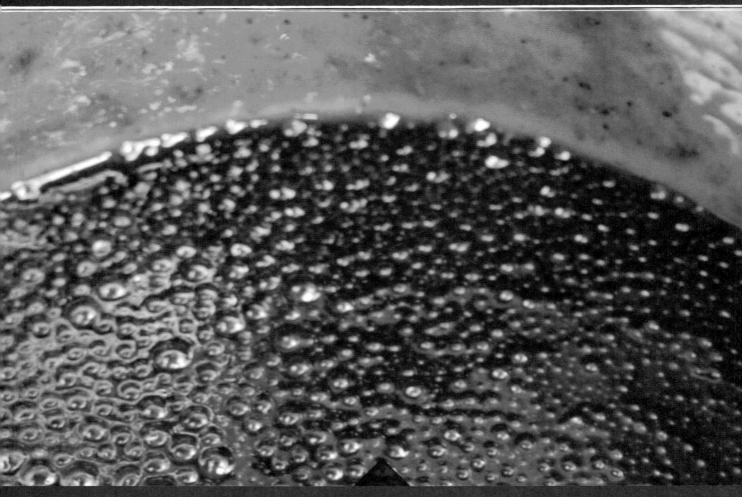

2

第 2 步
~
將黑醋栗果泥、水、蜂蜜
和糖一起放入鍋中加熱攪拌至 114℃。

第1步
~
先將吉利丁放入冷水中浸泡
5分鐘,撈出瀝掉水分。

3

第3步
~
打發蛋白並慢慢拌入加熱過的糖漿,
再加進泡軟的吉利丁。
調高電動攪打器的速度,
棉花糖糊的體積還會增加,
之後放涼。最後加進染色粉。

4

第4步
~
當棉花糖糊降溫至40℃時,
倒入事先灑過糖粉
和馬鈴薯粉的平盤上。

完成

各式口味的棉花糖

大約可做 50 塊邊長 3 公分的立方棉花糖

準備時間 25 分鐘
靜置 3 小時

綠檸檬
棉花糖

60 克綠檸檬汁
50 克水
50 克味道清香的蜂蜜，如刺槐花蜜
240 克糖
15 克吉利丁
100 克蛋白
（約 3 顆蛋的蛋白）
1 克綠色染粉*
1 克黃色染粉*

百香果
棉花糖

70 克百香果汁
40 克水
50 克味道清香的蜂蜜，如刺槐花蜜
240 克糖
15 克吉利丁
100 克蛋白
（約 3 顆蛋的蛋白）
1 克黃色染粉*

覆盆子
棉花糖

100 克覆盆子果泥
20 克水
50 克味道清香的蜂蜜，如刺槐花蜜
240 克糖
15 克吉利丁
100 克蛋白
（約 3 顆蛋的蛋白）
1 克紅色染粉*

玫瑰花
棉花糖

110 克水
50 克味道清香的蜂蜜，如刺槐花蜜
240 克糖
15 克吉利丁
100 克蛋白
（約 3 顆蛋的蛋白）
玫瑰水（份量使用參考瓶身說明）
1 克粉紅色染粉*

＊所有染粉皆可不用

巧克力棉花糖

大約可做 50 塊邊長 3 公分的立方棉花糖

準備時間 25 分鐘
靜置 3 小時

110 克水
50 克味道清香的蜂蜜，如刺槐花蜜
240 克糖
10 克吉利丁
3 顆蛋的蛋白
50 克可可膏
100 克可可粉

器具
烘焙用溫度計
電動攪打器

棉花糖製作

將吉利丁浸泡冷水 5 分鐘，撈起待用。把水、蜂蜜和糖放入鍋中一起加熱攪拌至 114℃。同時用電動攪打器低速將蛋白打發，再慢慢加入熱蜂蜜糖漿和泡軟的吉利丁。將電動攪打器速度調高：蛋白糊體積還會增加，之後放涼。最後加入以隔水加熱法熔化（約 5 到 10 分鐘）的可可膏。

棉花糖立方塊切分

當糖漿蛋白糊的溫度降至 40℃時，倒入灑有可可粉的平盤上。於室溫靜置3 小時到完全降溫後，切分成立方塊或者其他形狀。灑上可可粉後再篩掉多餘的粉。置於乾燥處保存。

小熊棉花糖

30 塊小熊糖

準備時間 30 分鐘
靜置 2 小時

棉花糖部分
110 克水
50 克蜂蜜
240 克糖
10 克吉利丁
100 克蛋白

外層包覆
300 克甜點用牛奶巧克力

器具
小熊矽膠模型
烘焙用溫度計
刷子

棉花糖和巧克力的製作

先做原味棉花糖所需的蛋白糊（參照第 108 頁的作法，果泥部分以水取代）。準備調溫巧克力（參照第 46 頁）。用刷子將巧克力刷塗在小熊模型裡。放涼使其凝固成型。

填進棉花糖糊

當蛋白糊降溫至 26℃時，倒入小熊模型裡。放入冰箱冷藏一個小時使棉花糖完全變涼。用刮刀將小熊背面鋪填上一層巧克力。再靜置一個小時之後小心地脫模即完成。

A la Mère de Famille

Serge NEVEU, Chocolatier fabricant

CONFISERIE DESSERTS

35, Rue du Faubourg Montmartre
et 1, Rue de Provence - PARIS

Téléphone 47 70 83 69

FONDÉE en 1761

FIGUES ROYALES LOCOUM

DE SMYRNE — DE SMYRNE

Maison fondée en 1761

A LA MÈRE DE FAMILLE

Serge Neveu règne depuis trois ans sur la plus ancienne confiserie de Paris, et aussi la plus jolie.

peut-être, qui a œuvré pour le gourmand. Depuis 16 ans, elle est l'âme de L'Étoile d'Or. On y déniche des spécialités introuvables ailleurs, comme les chocolats du Lyonnais Bernachon, le «Tap de Lincs» qu'elle va chercher elle-même en gare d'Austerlitz, le «Delicia» de Palomas, la poire de Pralus, le Mandarin grenoblois, etc. La liste serait longue, car Denise Acabo a un palais particulièrement fin»... Les Japonais, conquis par le personnage, voulaient tout acheter en bloc : la dame, la boutique, la dame dans la boutique! Mais pas question. Denise s'amuse bien trop avec « ses copains des théâtres d'à côté » !

● Fouquet : 36, rue Laffitte, 9°. Tél : 47.70.85.00.
● A la Mère de Famille : 35, rue du Faubourg-Montmartre, 9°. Tél : 47.70.83.69.
● La Bonbonnière de la Trinité : 4, rue Blanche, 9°. Tél : 48.74.23.38.
● A l'Étoile d'Or : 30, rue Lamartine, 9°. Tél : 48.74.59.55.

cosmopolite, riche en produits orientaux. Pour les inconditionnels de falafels, loukoums et autres pâtisseries orientales, deux passages obligés : Massis Bleue et la célèbre boutique Heratchian.

● Massis Bleue : 27, rue Bleue, 9°. Tél : 48.24.93.86.
● Heratchian : 6, rue Lamartine, 9°. Tél : 48.78.43.19. C. M.

SALÉ

MAITRES FROMAGERS. Ils sont tous des artisans passionnés par leur métier. Affineurs, ils ont à cœur de proposer des fromages au mieux de leur forme.

CHÈVRES. Cette crèmerie de quartier aux murs de marbre restés intacts depuis 1900 s'est taillée une belle réputation. On y croise Alphonse Boudard, Jean-Claude Carrière ou Francis Perrin. Jean Molard s'est spécialisé dans le chèvre fermier — notamment du Lyonnais, Loire-Atlantique, Poitou — et concocte lui-même des « curiosités » comme le camembert au calvados (26,90 F), le boursault au whisky ou le chèvre raisin-rhum.

● Molard : 48, rue des Martyrs, 9°. Tél : 45.26.84.88.

GOUTEUX. Cette fermette a des allures de campagne avec son toit de chaume et ses étagères de bois. Plus de 180 sortes de fromages affinés par les soins de Henri Voy. Spécialité : le saint-hubert, un triple crème moelleux, le vrai « brin d'amour » corse, un camembert « de Paris » au lait cru – bien [...]

A la MÈRE de FAMILLE

MAISON FONDÉE EN 1761

MAGASIN SPÉCIAL DE DESSERTS D'HIVER

GRAND CHOIX de FRUITS SECS POUR COMPOTES

Véritable Cake-Anglais et Fours Secs pour le Thé

SERGE NEVEU

35, Faubg Montmartre et 1, Rue de Provence 1
75009 PARIS   Tél. 47 70 83 69

A la Mère de Famille

CONFISERIE DESSERTS

35, RUE DU FAUBOURG MONTMARTRE
ET 1, RUE DE PROVENCE PARIS

TÉLÉPHONE : PROVENCE 83-69
C. C. P. PARIS 10.800-6

FONDÉE EN 1761

R. C. SEINE 57 A 10.274

MAISON RECOMMANDÉE SPÉCIALISÉE

Maison Fondée en 1761

R. C. SEINE 57 A 16.279
C. C. P. PARIS 10.800 06

Tél. : 770-83-69

A LA MÈRE DE FAMILLE
CONFISERIE & DESSERTS
VINS FINS · LIQUEURS · CHAMPAGNES

Ancienne maison R. LEGRAND

A. BRETHONNEAU

35, Faubourg Montmartre et 1, Rue de Provence

75009 PARIS, le 15 Mars 1978

Madame Glacier

Gesnes - Montsurs -   Doit

500	9 œufs assortis		43	-
3 x 250	Coquillage P.A	x 18.50	55	50
2	pap Croquignole	x 6.50	13	-
2 x 250	œuf et Moulage Choco	x 21.50	43	-
500	fondant sout sucre		15	-
500	œufs assortis (M. Lebourdais)		43	-
500	Calissons assortis		32	-
500	Choco œufs noirs pref (M. Germaux)		43	-
250	œuf et moulage (Nicole)		21	50
			309	00
	10%	-	30	90
			278	10
	Port		8	80
			286	90

棉花棒棒糖
香草榛果牛奶巧克力口味

30 根棒棒糖

準備時間 40 分鐘
靜置一晚

棉棒糖部分
110 克水
50 克蜂蜜
240 克糖
17 克吉利丁
100 克蛋白
1/2 根香草莢

外層包覆
50 克敲碎烘烤過的榛果
300 克甜點用牛奶巧克力

器具
木籤棒
烘焙用溫度計
基塔紙

棉花糖製作

先做原味棉花糖的蛋白糊（參照第 108 頁的作法，但不加果泥）。香草莢剖半，將內面的香草籽刮下加進棉花糖蛋白糊裡。在長方形的平盤上鋪烘焙紙，將蛋白糊倒入平鋪厚約 3 公分，靜置一晚使之凝結。隔日切分成立方塊，再將木籤棒插入固定。

外層包覆

準備調溫牛奶巧克力（參照第 46 頁）。將棉花棒棒糖沾浸巧克力漿，再輕拍讓多餘的巧克力漿滴除。灑一些榛果在表面，再將棒棒糖鋪排在基塔紙上，置於 18℃的環境中至少兩個小時，使之凝固成型。自基塔紙上取下即可品嚐。

棉花棒棒糖
草莓黑巧克力口味

30 根棒棒糖

準備時間 40 分鐘
靜置一晚

棒棒糖部分
70 克草莓果泥
40 克水
50 克蜂蜜
240 克糖
17 克吉利丁
100 克蛋白
紅色染劑（可不用）

外層包覆
50 克草莓乾
300 克可可含量 70% 的黑巧克力

器具
木籤棒
烘焙用溫度計
基塔紙

棉花糖製作

按照第 108 頁的做法準備棉花糖的蛋白糊，將黑醋栗換成草莓。在長方形的平盤上鋪烘焙紙，將蛋白糊倒入平鋪厚約 3 公分，靜置一晚使其凝結。隔日切分成立方塊，再將木籤棒插入固定。

外層包覆

將草莓乾切成小塊。準備調溫巧克力（參照第 46 頁）。將棉花棒棒糖沾浸巧克力漿，再輕拍讓多餘的巧克力漿滴除。撒上一些草莓乾沾附於表面，再將棒棒糖鋪排於基塔紙上。置於 18℃ 的環境中至少兩個小時，使之凝固成型。自基塔紙上取下即可品嚐。

棉花棒棒糖
薄荷黑巧克力口味

30 根棒棒糖

準備時間 40 分鐘
靜置一晚

棒棒糖部分
110 克水
50 克蜂蜜
240 克糖
17 克吉利丁
100 克蛋白
3 滴薄荷香精
綠色染劑（可不用）

外層包覆
300 克可可含量 70% 的黑巧克力
50 克糖晶薄荷葉*

器具
木籤棒
烘焙用溫度計
基塔紙

棉花糖製作

準備棉花糖的蛋白糊（參照第 108 頁食譜，但不加果泥）。加香精及染色劑。在長方形的平盤上鋪烘焙紙，將蛋白糊倒入平鋪厚約 3 公分，靜置一晚使之凝結。隔日切分成立方塊，再將木籤棒插入固定。

外層包覆

準備調溫黑巧克力。將棉花棒棒糖沾浸巧克力漿，再滴除多餘的巧克力漿。將糖晶薄荷葉飾於表層，再將棒棒糖鋪排於基塔紙上。置於 18℃ 的環境中至少兩個小時，使之凝固成型。自基塔紙上取下即可品嚐。

*譯註：糖晶薄荷葉的製作：將新鮮的薄荷葉洗淨後，以刷子將打到稍微發泡的蛋白液塗刷上，再灑上糖，排在鋪有烘焙紙的烤盤上，放入烤箱以 60℃ 的溫度烘烤 1 小時 15 分鐘，取出將葉片翻面後，再放入烤箱烤 45 分鐘。

蘇喜特糖

20 根蘇喜特糖

準備時間 15 分鐘

250 克糖
50 克葡萄糖漿
100 克水
天然香精（使用份量參照包裝說明）
糖果專用液狀染劑（可不用）

器具
矽膠蘇喜特糖模型
糖棒
烘焙用溫度計

糖體的製作
將糖和水放入鍋中加熱至滾沸。加入葡萄糖漿繼續煮。至 120℃時加入天然香精和染色劑（依成品最後想要的顏色深淺，約 10 滴左右）。以大火加熱到 155℃。

蘇喜特糖
將鍋子底部浸入冷水中使鍋內溫度不再上升，同時立刻將糖漿倒入矽膠模。放入糖棒。靜置降溫凝固，脫模後即可享用！

師傅的訣竅：請試著找出自己喜愛的口味：橙花、玫瑰、咖啡、香草、紫羅蘭……加上一些練習，很快地您就能和拉博爾著名的妮妮喜棒棒糖一較高下了。

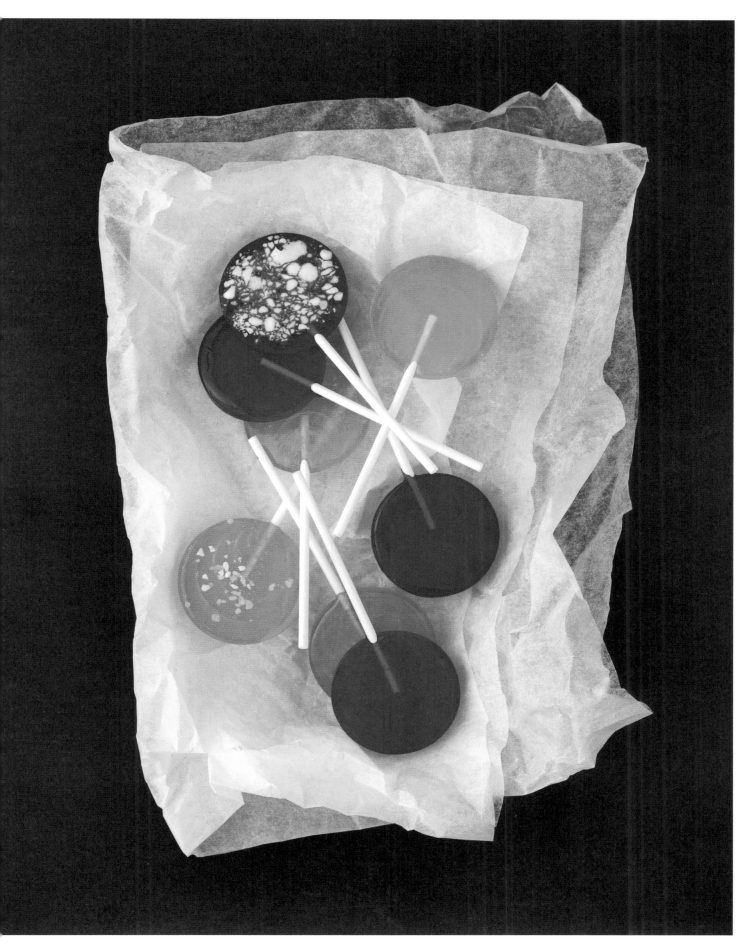

奧爾吉長棒糖

準備時間 30 分鐘

250 克糖
50 克葡萄糖漿
100 克水
天然香精（依包裝上說明使用）
糖果專用液狀染色劑（可不用）

器具
矽膠墊
烘焙用溫度計
烘焙用厚橡膠手套

糖體製作

將糖和水放入鍋中加熱至滾沸。加入葡萄糖漿，繼續加熱。當溫度升至 120℃時，加進天然香精或染色劑（依照成色深淺需要，約 10 滴左右）。以強火加熱至 162℃後，將鍋子離火，鍋底以冷水浸泡降溫。

奧爾吉長棒糖

將糖漿分兩份倒在矽膠墊上，在其中一份加滴幾滴的染色劑。趁糖漿冷卻時，塑形成兩團，因為糖漿溫度很高，一定要戴手套操作！重複將糖團拉開折墊的步驟幾回後，糖團會漸呈霧亮的光澤。接著將兩個糖團揉成長條形，再交纏捲成一長條後，繼續搓滾成直徑約 0.5 公分的細長棒。再分切成 15 公分長的奧爾吉長棒糖。靜置放涼定型後，存放於乾燥處。

 師傅的訣竅：如果糖團變硬，可放入烤箱加熱。

« À LA MÈRE DE FAMILLE »
熟客速寫

姓：……………………………… 托普可夫
名：……………………………… 蘇菲
職業：…………………………… 藝術總監
居住區：………………………… 第九區
常去的店舖：…………………… 福布爾－蒙馬特街
第一次光顧：…………………… 去年搬到這一區時

光顧的頻率：…………………… 一個月一次
喜愛的巧克力：………………… 牛奶口味和白巧克力
食用巧克力的習慣：…………… 不一定

1
來店裡的最佳時機？
夏天的話是早上，冬季是傍晚。

2
跟美食有關的，最棒的享受是？
冰晶糖栗。

3
童年記憶中的糖果？
貝蘭蔻糖。

4
您喜歡和人分享的美食？
卡莉頌杏膏糖

5
您自個兒一人時喜愛的是？
乳香焦糖！

6
最浪漫的美食？
紫羅蘭糖。

7
最滑稽有趣的美食？
小豬形狀的杏仁膏糖。

8
一段和 À la mère de famille 的甜點有關的最佳時光？
上星期，我最好的兩個朋友到家裡來，我們整個晚上都在吃 À la mère de famille 的冰棒，而且還互相交換，嚐了各種口味。

9
如果舖子想送您一份禮物？
獨自一人和 À la mère de famille 共度一晚。

10
À la mère de famille 對您而言代表的是？
一個有著驚喜不斷的甜點無底洞。

11
請用一句話代表 À la mère de famille ？
老媽媽的拿手絕活，莉兒金的一首單曲曲名。

12
À la mère de famille 的祕密食譜是？
冰晶糖栗的食譜。

13
和其他店不一樣的是？
櫥窗。是全巴黎最令人垂涎三尺的陳列擺設。

14
談談您第一次和甜點舖的相遇？
在我很小的時候，我最要好的朋友恰巧住在甜點舖的隔壁。我們經常一起自櫥窗前經過，一塊兒欣賞架上擺的每一款甜點，每一個細節……

15
是否有哪種甜食曾給過您靈感？
沒有，但她卻是靈感最好的回報。

貝蘭蔻糖

大約 50 顆貝蘭蔻糖

準備時間 30 分鐘
熬煮時間 15 分鐘

250 克糖
50 克葡萄糖漿
100 克水
天然香精（依包裝上說明使用）
糖果專用液狀染色劑（可不用）

器具
矽膠墊
烘焙用溫度計
烘焙用厚橡膠手套

糖體製作

將糖和水放入鍋中加熱至滾沸。倒進葡萄糖漿，並繼續加熱。當溫度升至
120℃時，放入天然香精或染色劑（依照成品深淺需要，約 10 滴左右）。
以強火加熱至 162℃後，將鍋子離火，鍋底以冷水浸泡降溫。

貝蘭蔻糖製作

把糖體分成兩份倒在矽膠墊上。於其中一份加滴幾滴的染色劑。當糖體降
溫冷卻時分別塑型為兩個糖團。因為糖團溫度很高，一定要戴手套操作！
將沒有加滴染劑的糖團重覆拉開摺疊的步驟幾回至糖變成霧亮的白色為
止。將白色糖團滾搓成細長條狀後，以來回方式整齊地鋪排在另一糖團面
上，形成數條平行線。接著將糖團稍稍滾捲使平行白線條鑲覆於表面。繼
續反覆滾搓至糖團成直徑 0.5 公分的細長條狀。最後用剪刀以 1 公分的間隔
剪開，但每一剪都須將細糖條轉四分之一圈，剪開後自然形成四面體。將
糖果分開使其不致沾黏，靜置放涼。
存放於乾燥處。

 師傅的訣竅： 如果糖團變硬，可放入烤箱加熱。

糖鑽
薄荷、紫羅蘭和虞美人花

約可作 50 顆

準備時間 20 分鐘
熬煮時間 15 分鐘

250 克糖
50 克葡萄糖漿
100 克水
3 滴天然薄荷香精
或 10 滴紫羅蘭香精
或 10 滴虞美人花香精

糖果專用液狀染色劑（可不用）
糖粉

器具
烘焙用溫度計
矽膠墊
烘焙用厚橡膠手套
烘焙用厚橡膠手套

糖體製作

將糖和水放入鍋中加熱至滾沸。倒入葡萄糖漿，繼續加熱。當溫度升至 120℃時，放進天然香精和染色劑（依最後成品顏色加入約 10 滴左右）。以強火加熱至 155℃。將鍋子浸泡冷水，立即降溫。

糖鑽製作

將濃稠糖漿鋪倒於矽膠墊上，然後塑形成糖團，最後滾搓成直徑約 1 公分的長條狀。注意糖團溫度非常高，一定要戴上手套！接著用剪刀以間隔 1.5 公分的距離剪開，靜置放涼。再將糖鑽放入糖粉中，沾裹包覆糖粉後存放於乾燥處。

蜂蜜糖鑽

約做 30 顆糖鑽

準備時間 20 分鐘
熬煮時間 15 分鐘

90 克蜂蜜
150 克砂糖
糖粉

器具
矽膠墊
烘焙用溫度計
烘焙用厚橡膠手套

糖體製作
將糖和蜂蜜放入鍋中加熱至滾沸。當溫度升至 160℃時,將鍋子移入冷水浸泡降溫。

糖鑽製作
將糖體倒於矽膠墊上,再塑形成糖團,接著滾搓成直徑約 1 公分的長條狀。注意糖團溫度相當高,一定要戴上手套!利用剪刀以 1.5 公分的間距剪開成小段後放涼。沾覆糖粉之後存放於乾燥處。

 師傅的訣竅:這份食譜和本章節中其他的食譜一樣,需要烘焙用溫度計來幫忙測定糖溫。

努佳緹糖
杏仁開心果口味

可做成約 30x 30 公分大小的糖板

準備時間 20 分鐘

150 克糖
100 克葡萄糖漿
90 克杏仁薄片
40 克開心果碎粒
如核桃般大小的奶油

器具
矽膠墊
烘焙用溫度計

焦糖堅果碎粒

將糖和葡萄糖漿放入鍋中加熱熬成焦糖。當焦糖變成金黃色時,加入杏仁薄片、開心果和奶油,並攪拌均勻。堅果碎粒會被焦糖包覆,並被熱度加溫輕微上色。

努佳緹糖的製作

將上述濃稠的堅果焦糖漿倒在烘焙紙或矽膠墊上,再將另一張紙鋪在上層,利用擀麵棍壓成薄片。最後,用刀或剪刀分切成想要的形狀。
如果努佳緹糖冷卻變硬難以操作,可放入烤箱以 130℃的溫度烤 4 到 5 分鐘使其變軟。將努佳緹糖沾些巧克力會更好吃。

變化口味:這款努佳緹糖可以當作糖果享用,也可以加在甜點糊裡增添風味,例如可以打成細碎粒灑在夏季常吃的水果泥上⋯⋯

乳香焦糖糖果

約可做 60 顆糖

準備時間 35 分鐘
靜置一晚

器具
烘焙用溫度計

淺鹽乳香焦糖

325 克鮮奶油
375 克糖
225 克葡萄糖漿
70 克含鹽奶油

焦糖製作

鮮奶油倒入鍋中加熱至約 80℃。將糖和葡萄糖漿倒入另一個鍋子中加熱成金黃色的焦糖。再倒入鮮奶油並持續攪拌。再加熱至 117℃ 並繼續攪動，加入奶油。

糖果製作

當奶油已均勻拌入後，把焦糖漿倒入鋪有烘焙紙的方形盤中。於室溫靜置放涼一晚。分切成小立方體後，以透明糖果紙包覆，存放在乾燥處。

榛果乳香焦糖

350 鮮奶油
350 克糖
250 克葡萄糖漿
70 克榛果膏
50 克烘烤過的碎榛果粒
50 克奶油

焦糖製作

鮮奶油倒入鍋中加熱至約 80℃。將糖和葡萄糖漿倒入另一個鍋子中加熱成金黃色的焦糖。再倒入鮮奶油並持續攪拌，再拌入榛果膏。加熱至 116℃ 並繼續攪動，最後加入奶油和碎榛果粒。

糖果製作

當奶油已均勻拌入後，把焦糖漿倒入鋪有烘焙紙的方形盤中。於室溫靜置放涼一晚。分切成小立方體後，以透明糖果紙包覆，存放在乾燥處。

巧克力乳香焦糖

350 克鮮奶油
290 克糖
240 克葡萄糖漿
150 克可可含量 70% 的黑巧克力
20 克奶油

焦糖製作

鮮奶油倒入鍋中加熱至約 80℃。將糖和葡萄糖漿倒入另一個鍋子中加熱成金黃色的焦糖。再倒入鮮奶油並持續攪拌。再加熱至 114℃ 並繼續攪動，加入巧克力，奶油均勻拌合。

糖果製作

當奶油已均勻拌入後，把焦糖漿倒入鋪有烘焙紙的方形盤中。於室溫靜置放涼一晚。分切成小立方體後，以透明糖果紙包覆，存放在乾燥處。

乳香焦糖糖果

約可做 60 顆糖

準備時間 35 分鐘
靜置一晚

器具
烘焙用溫度計

開心果乳香焦糖

350 克鮮奶油
350 克糖
250 克葡萄糖漿
50 克開心果膏
25 克開心果
50 克奶油

焦糖製作

鮮奶油倒入鍋中加熱至約 80℃。將糖和葡萄糖漿倒入另一個鍋子中加熱成金黃色的焦糖。再倒入鮮奶油並持續攪拌,接著加入開心果膏。加熱至 116℃ 並繼續攪動,最後加入奶油和開心果。

糖果製作

當奶油已均勻拌入後,再把焦糖漿倒入鋪有烘焙紙的方形盤中。於室溫靜置放涼一晚。分切成小立方體後,以透明糖果紙包覆,存放在乾燥處。

櫻桃乳香焦糖

400 克鮮奶油
250 克糖
330 克葡萄糖漿
150 克櫻桃
35 克奶油

焦糖製作

鮮奶油倒入鍋中加熱至約 80℃。將糖和葡萄糖漿倒入另一個鍋子中加熱成金黃色的焦糖。再倒入鮮奶油並持續攪拌,接著加入去核切小塊的櫻桃。加熱至 116℃ 並繼續攪動,最後加入奶油。

糖果製作

當奶油已均勻拌入後,再把焦糖漿倒入鋪有烘焙紙的方形盤中。於室溫靜置放涼一晚。分切成小立方體後,以透明糖果紙包覆,存放在乾燥處。

百香果乳香焦糖

225 克鮮奶油
300 克糖
300 克葡萄糖漿
100 克百香果汁
45 克奶油

焦糖製作

鮮奶油倒入鍋中加熱至約 80℃。將糖和葡萄糖漿倒入另一個鍋子中加熱成金黃色的焦糖。再倒入鮮奶油並持續攪拌,接著加入百香果汁。加熱至 116℃ 並繼續攪動,最後加入奶油。

糖果製作

當奶油已均勻拌入後,再把焦糖漿倒入鋪有烘焙紙的方形盤中。於室溫靜置放涼一晚。分切成小立方體後,以透明糖果紙包覆,存放在乾燥處。

1850
~
1895

1761 ~ 1791
一間鄉村風格的店舖

1791 ~ 1807
一個父親的命運

1807 ~ 1825
自由的女人

1825 ~ 1850
在藝術生命之中

1850 ~ 1895
餅乾與糖果
＊

餅乾與
糖果

一八五六年，布里多的女兒們繼承了這間店舖。

　　她們兩人的工作雖然和甜點無關，但卻非常堅持遵照父親當時的理想，將巴黎媽媽甜點舖交給專業的人去經營。她們聘僱的人在這領域中都各有所長。諾柏爾、賽里耶和密歇爾三個人本身都是專業甜點師，分別擔任直到十九世紀末的甜點店首席師傅。他們每個人都為店舖注入了自己的專業和熱情。跟隨著自布里多先生創立下來的理念，他們也一個接著一個地將創新的零食和饒具特色的甜點帶入，最後終於把原本屬於舊式制度的香料雜貨舖子成功地轉型成流行的甜點店。一八八〇年，À la mère de famille 在當地得到了傳統技藝的聲望。店舖雖以糖果甜點著名，但加上香料雜貨的部分，總計已賣出了超過十五萬個商品。在獲得這份成功，還有以「驚人甜品美食」之名大受歡迎之後，À la mère de famille 繼續不斷地開發新產品，他們出產的餅乾迅速地獲致好評。到了十九世紀末期，À la mère de famille 甚至成了勒費弗尤提爾奶油餅乾當時最初的幾個販售點之一，這品牌就是現在眾所周知，縮寫為「LU」餅乾大廠，在面向福布爾－蒙馬特街的的店門上（現在也還是）可看到這縮寫記號。

　　一八六〇年代，第九區隨著杜歐拍賣廳，以及附近眾多藝術品店的建造成立，漸漸地換了新面貌。那時常在這一區走動的名人有愛彌兒‧左拉、古斯塔夫‧福樓拜、保羅‧塞尚和龔固爾兄弟……

　　名為「芙莉特維斯」的歌劇廳於一八六九年成立於離店舖僅幾步之遙的地方。一八七二年歌劇廳正式更名為「芙莉–貝爾潔」。這間音樂歌舞廳的舞者們紛紛成了店裡的忠實顧客，人們也常將裝著甜點糖果的小籃子送到她們的化妝間當禮物……

瑚嘟嘟糖

~~~~~~~~~~

40 塊
準備時間 20 分鐘

~~~~~~~~~~

糖..250 克
葡萄糖漿..50 克
水..100 克
天然香精（使用方法參照包裝說明）
糖果專用液狀染色劑

器 具
蛤蠣貝類的殼 40 個
烘焙用溫度計

準 備 瑚 嘟 嘟 貝 殼
將貝殼清洗乾淨，放入烤箱以 180℃烘烤 10 分鐘。

熬 煮
將糖和水一起放入鍋中熬煮。加入葡萄糖漿，繼續熬煮。當溫度到
120℃時，加入天然香精和染劑（依成色滴入 10 滴左右）。以強火加
熱至 155℃。將鍋子離火浸泡冷水使溫度不再繼續上升。接著把鍋中
糖漿倒入貝殼裡，靜置冷卻成形後即完成。

乳香焦糖口味蘇喜特糖

20 根

準備時間 40 分鐘

蘇喜特糖
200 克鮮奶油
150 克糖
150 克葡萄糖漿
50 克奶油

外層包覆
300 克可可含量 70% 的黑巧克力
（或用牛奶巧克力、白巧克力）

器具
蘇喜特糖的糖棒
烘焙用溫度計
矽膠墊
基塔紙

乳香焦糖製作
將鮮奶油倒入鍋中加熱至 80℃左右。在另一個鍋子裡放入糖和葡萄糖漿一起加熱成金色焦糖。倒入鮮奶油攪拌續煮。溫度至 102℃時一面持續均勻攪動，一面加入奶油。

蘇喜特糖製作
將前述奶油焦糖倒入鋪有矽膠墊的方形盤中，靜置放涼並分切成長方形。再把糖棒置入長方形乳香焦糖中。將蘇喜特糖浸入調溫黑巧克力，牛奶巧克力，又或者是白巧克力漿裡。取出瀝過後置於一張基塔紙上，靜置放涼。自紙上拿起後即可品嚐。

蒙特利瑪法式牛軋糖

6 片

準備時間 30 分鐘
靜置一晚

200 克蜂蜜
250 + 12 克糖
25 克葡萄糖漿
1 顆蛋的蛋白
85 克水
350 克烘烤過的原味杏仁
25 克開心果

器具
烘焙用溫度計
電動攪打器
蛋糕模
鋸齒刀

法式牛軋糖製作

將蜂蜜放入大鍋中加熱至 125℃。在另一個鍋子裡放入糖，葡萄糖漿和水加熱至 140℃。以電動攪拌器將蛋白和 12 克的糖稍稍打發。倒入蜂蜜並不斷攪拌，接著再加進熬煮過的糖。調低攪拌器的速度，續打 5 分鐘。檢視牛軋糖糖糊是否完成的方法：舀一些糖糊放入冷水中，若形成硬質塊狀則可。為了使糖糊不致太快變硬凝結，可先將開心果和杏仁一起加熱，再以攪拌刮刀均勻拌入糖糊之中。

完成步驟

把糖糊均勻倒入鋪有烘焙紙的蛋糕模裡，靜置一晚放涼。隔日，以鋸齒刀分切成片後，以保鮮膜包覆避免受潮。

師傅的訣竅：所選用的蜂蜜顏色愈深，在牛軋糖裡展現的味道愈濃。

法式堅果牛軋糖

可製作約 20×20 公分的正方片

準備時間 30 分鐘

250 克蜂蜜
150 克糖
200 克杏仁
200 克榛果

器具
烘焙用溫度計

牛軋糖製作
杏仁和榛果放入烤箱以 160℃烘烤。將糖和蜂蜜放入大鍋子內熬煮成棕色焦糖（參照第 10 頁）。加入杏仁和榛果後，充分攪拌均勻，倒入鋪有烘焙紙的模具裡。

完成步驟
靜置到完全冷卻之後再敲碎成塊。存放於乾燥處。

 方便簡單：沒有比這款親自手作後再精心包裝就成了聖誕甜品的糖果還要簡單的禮物了。這款食譜的優點是準備時間非常短。是一款口感硬脆、香氣十足的法式牛軋糖。

法式開心果牛軋糖

準備時間 30 分鐘
靜置一晚

200 克蜂蜜	150 克開心果
250 ＋ 12 克糖	
25 克葡萄糖漿	器具
40 克開心果膏	烘焙用溫度計
1 顆蛋的蛋白	電動攪打器
85 克水	蛋糕模
200 克烘烤過的原味杏仁	鋸齒刀

牛軋糖

蜂蜜倒入鍋中加熱至 125℃。在另一個鍋裡將 250 克糖、葡萄糖漿和水一起
加熱至 140℃。以電動攪拌器將蛋白和 12 克的糖稍稍打發，接著倒入蜂蜜
攪拌均勻，再加進熬煮過的糖。調低攪拌器的速度續打 5 分鐘。拌入開心
果膏。檢視牛軋糖糖糊是否完成的方法是舀一些糖糊放入冷水中：若會形
成硬質塊狀則可。為了要使糖糊不致太快變硬凝結，可先將開心果和杏仁
一起加熱，再以攪拌刮刀均勻拌入糖糊中。

完成步驟

將糖糊均勻倒入鋪有烘焙紙的蛋糕模裡。靜置一晚冷卻。隔日以鋸齒刀分
切成片。以保鮮膜包覆以免受潮。

 師傅的訣竅：開心果膏在香料雜貨鋪或者是甜點烘焙專門店都能輕
易找到。也可以自己在家製作（參考第 160 頁）。

第 4 章

本章包含了各式糖漬水果，還有水果軟糖的製作方法。因此要品嚐的是它們各自的風味。還有一些製作蛋糕、巧克力、糖果時所需要的基本食材。事實上，一些品質好或特殊口味的糖漬水果，有時很難找得到，也太貴了。自己動手做可以保證十足的新鮮美味，也會讓您做的英式蛋糕、蒙迪庸蛋糕的風味與眾不同……您也將學會如何做杏仁膏和開心果膏，這兩款堅果膏都非常實用！

FRUITS CONFITS ET AUTRES

糖漬水果及其他甜點

杏仁膏

500 克杏仁膏

準備時間 15 分鐘

250 克杏仁粉
200 克糖
75 克葡萄糖漿
75 克水

器具
烘焙用溫度計
食物調理機

杏仁膏製作
將糖、葡萄糖漿和水一起加熱。把杏仁粉倒入食物處理機的鋼盆中。當糖熬煮至 120℃時，慢慢地倒入杏仁粉中並且開始啟動食物處理機攪打，直到成為質地細緻的膏狀為止。注意不要讓杏仁膏的溫度升高太多。

完成步驟
將杏仁膏取出，靜置放涼。放入密封盒中存放前再用手揉過。這款杏仁膏在陰涼處可存放一個月。

 變化用途：可用來當巧克力糖的內餡，或者捏塑成水果造形時當作基本餡材。作為後者用時，可以加入杏仁膏和酒、開心果膏，或是咖啡萃取物等一起均勻拌合……

開心果膏

500 克開心果膏

準備時間 15 分鐘

250 克除去外膜的開心果
100 克糖
30 克水
30 克杏仁糖漿
35 克榛果油

器具
烘焙用溫度計

熬糖
開心果放入烤箱以 160℃稍微烘烤。糖和水一起加熱熬煮至 120℃。

開心果膏製作
先把開心果放入食物處理機中打碎成粉狀，接著倒入上述糖漿並繼續攪打。加入杏仁糖漿和榛果油。當攪勻成質地細緻的膏狀時就可停止。開心果膏可存放在陰涼處一個月。可以用在甘納許、堅果焦糖餡、杏仁膏和奶油餡裡增加風味。

變化用途：您曾經想過開心果膏可以加進一點兒讓滋味更豐富細緻的杏仁糖漿嗎？用這款開心果膏做成餡糊代替西洋梨塔裡頭常用的杏仁糊餡，好吃⋯⋯

卡莉頌杏仁糖

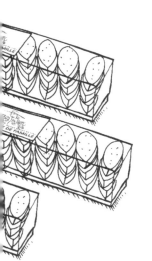

約 30 顆

準備時間 30 分鐘
靜置一晚

卡莉頌糖糊
200 克杏仁粉
110 克砂糖
40 克水
100 克糖漬甜瓜
40 克糖漬柳橙
30 克蜂蜜
4 或 5 滴橙花水
1 張阿茲敏紙*

葛拉薩吉
1 顆蛋的蛋白
100 克糖粉

器具
烘焙用溫度計
電動攪打器
壓刻用圈模

卡莉頌糖糊製作
將糖和水放入鍋裡加熱。把糖漬水果和橙花水一起放入攪拌器裡攪打，加入杏仁粉和蜂蜜。糖水熬煮至 120℃時離火，澆在杏仁粉上和先前的食材一起再攪打 2 分鐘即成糖糊。

塑形
將糖糊倒於阿茲敏紙上。蓋上一張烘焙紙，接著以擀麵棍將糖糊擀壓成厚約 1 公分的片狀。拿開烘焙紙在室溫下靜置一晚。

葛拉薩吉
將蛋白和糖粉混合成晶面糖霜漿。糖霜漿應是光滑晶亮，自然呈軟滑適中的均勻質地。如有需要，可在糖霜漿裡加些糖粉或蛋白以做調整。在此步驟也可加入染劑上色。接著以刀或模型切刻出想要的形狀。利用小尺寸的烘焙刮刀於表面抹上一層糖霜漿。放入 130℃的烤箱烤 5 分鐘，取出放涼。於乾燥陰涼處可保存一個月。

*譯註：阿茲敏紙（feuille azyme），或稱歐斯堤紙（feuilles d'hosties），是一種以麵粉加水調和後擀壓如紙一般薄，不經發酵，烘烤而成的薄片，因其可食而常在法式牛軋糖或卡莉頌杏仁糖製作中作為鋪底之用。也可用糯米紙代替。

變化口味：如果想要有口味的變化，可以用其他的糖漬水果，或者以水果乾（椰棗乾、杏桃乾、無花果乾）來代替糖漬柳橙……

1895
~
1920

童年的夢想

喬治·勒克從很小的時候就經常到福布爾－蒙馬特這一區，當然也常逛到這間著名的甜點店。

他深深被這家店所吸引，甚至立志長大後要成為這間店的主人。當他進了生物系就讀之後，便決定定居在這一區。他甚至買下了一間位於卡德街的小舖子，為的就是能留在他嚮往的甜點店附近……因此，幾年之後當甜點店要轉賣時，喬治·勒克很快地就將她買了下來，完成了他童年的夢想，成了 À la mère de famille 的主人。而他在科學方面所學得的知識對於店舖的經營有很大的影響。他將店面重新粉刷，設置了電話，印了第一份廣告，還有廣告小傳單，在商品方面不斷地推陳出新，甚至開始賣起從世界各地來的食品：荷蘭的荷傑糖、克隆尼亞公司的巧克力、中國茶、馬拉加的葡萄、新加坡的鳳梨……À la mère de famille 成了一個能嚐得到珍貴稀有點心零食的地方，混搭著創新、傳統與甜食，並融集每個時代的精緻美饌。這個由深厚情感和創新精神一路走來的歷史，成就了直至今日的品牌精神。一九〇七年，喬治·勒克認識了一位他觀察了一陣子，也在同一區工作的甜點學徒，年輕的荷基·德爾，不久這位學徒便到甜點舖裡工作。喬治將他的手藝，以及對這家店的熱情，都傳承給荷基·德爾。時間使這兩個人建立了深厚的友誼。當第一次世界大戰爆發，荷基·德爾必須整裝上前線，就在他臨行之前，無法說服自己兒子接下甜點店的喬治·勒克，決定將舖子交給年輕的學徒。荷基·德爾在戰爭結束後活著回到了巴黎，在他的老闆兼忘年之交過世後，接掌了店舖的經營。

美好年代*時期的巴黎到處喧鬧沸騰。為了一八八九年和一九〇〇年大型博覽會舉行而建造的艾菲爾鐵塔、特羅卡德羅，或是大皇宮等建物，使得花都面貌煥然一新。而餐飲相關的行業也有了自己的博覽會：如巴黎國際餐飲美食博覽會——喬治·勒克分別在一九〇〇年和一九〇六年因其傑出的果醬品質而獲獎。

*譯註：美好年代（Belle Époque），指的是自 1870 年到第一次世界大戰爆發間的時期。

1895 ~ 1920
童年的夢想
*

1920 ~ 1950
在地的靈魂

1950 ~ 1985
阿爾伯特和蘇珊娜

1985 ~ 2000
巧克力時代

2000 迄今
歷史新頁

檸檬蜜迪內特

約做 20 塊蜜迪內特
準備時間 35 分鐘
烘烤時間 10 分鐘

餅乾及內餡

蛋.....................................3 顆
糖.................................100 克
麵粉................................60 克
檸檬果醬....................200 克
糖粉

葛拉薩吉

水.....................................50 克
檸檬汁...........................20 克
糖.................................100 克
糖粉.............................150 克
黃色染劑.........................5 滴

器具

電動攪拌器
附有直徑 1 公分擠花嘴的擠花袋
直徑 4 公分的壓刻圈模

餅乾麵糊製作

將蛋白和蛋黃分開。用電動攪拌器將蛋白打發，慢慢加入糖。利用刮刀將蛋黃輕輕拌入打發的蛋白中。最後加入篩過的麵粉並繼續小心地攪拌。

烘烤

烤箱預熱至 170℃。利用附有直徑 1 公分擠花嘴的擠花袋，將麵糊擠在烘焙紙上。在放入烤箱之前灑上糖粉，以 170℃的溫度烤 6 至 8 分鐘。表面呈漂亮金黃色時即烤好。放涼後以直徑 4 公分的圓形圈模壓刻修整出圓餅乾。

葛拉薩吉及內餡充填

將糖和水一起煮至滾沸成糖漿。加入檸檬汁並放涼。兩片餅乾中間抹檸檬果醬後黏合。將糖漿和糖粉充分攪拌成更濃稠的糖糊。加入黃色染劑。將餅乾排列在烤架上，分別刷上晶面糖糊。放入烤箱以 160℃烤 1 分鐘。取出放涼後再自烤架上取下。可存放於乾燥處 3 天。

法式草莓軟糖

約可做 50 塊

準備時間 30 分鐘
靜置一晚

500 克含果肉的草莓果泥
12 克黃色果膠
550 + 50 克糖
100 克蜂蜜
80 克檸檬汁
沾覆步驟所需的糖

器具
烘焙用溫度計

水果軟糖製作

在平底方盤上鋪一張烘焙紙，或是在矽膠墊上以 1 公分厚的尺圍成方形，方便倒入水果泥。將果膠和 50 克的糖拌勻，倒入已事先加熱至 50℃的草莓果泥。一起煮至滾沸後再續煮 1 分鐘。加入 550 克的糖，再次加熱至滾沸，最後倒入蜂蜜並加熱至 107℃。
倒入檸檬汁使其不再升溫，立刻將鍋中果泥倒在事先準備的方盤烘焙紙或矽膠墊上。於室溫下靜置一晚。

分切及沾覆砂糖

將凝結成形的水果軟糖自烘焙紙上取下。兩面先沾裹細砂糖，接著以各邊 3 公分的大小分切成塊，各面再次沾裹細砂糖。
將水果軟糖置於密封罐中，存放於乾燥處。

 變化口味：含果肉的草莓果泥可以買得到，也可以採用新鮮的草莓自行打成。以同樣份量的覆盆子取代就可以變換口味了。

法式熱帶水果軟糖
芒果、百香果口味

約可做 50 塊

準備時間 30 分鐘
靜置一晚

330 克含果肉的芒果泥
170 克含果肉的百香果泥
12 克黃色果膠
550 + 50 克糖
100 克蜂蜜

40 克檸檬汁
沾覆步驟所需的糖

器具
烘焙用溫度計

水果軟糖製作

在平底方盤上鋪一張烘焙紙，或是在矽膠墊上以 1 公分厚的尺圍成方形，方便倒入水果泥。將果膠和 50 克的糖拌勻，倒入已事先加熱至 50℃ 的芒果泥和百香果泥。一起煮至滾沸後再續煮 1 分鐘。加入 550 克的糖，再次加熱至滾沸，最後倒入蜂蜜並加熱至 107℃。倒入檸檬汁使其不再升溫，立刻將鍋中果泥倒在事先準備的方盤烘焙紙或矽膠墊上。於室溫下靜置一晚。

分切及沾覆砂糖

將凝結成形的水果軟糖自烘焙紙上取下。兩面先沾裹細砂糖，接著以各邊 3 公分的大小分切成塊，各面再次沾裹細砂糖。
將水果軟糖置於密封罐中，存放於乾燥處。

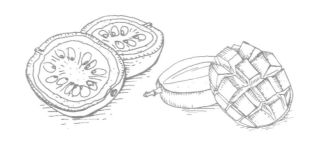

法式荔枝軟糖

約可做 50 塊

準備時間 30 分鐘
靜置一晚

500 克含果肉的荔枝果泥
14 克黃色果膠
450 + 50 克糖
100 克蜂蜜
80 克檸檬汁

器具
烘焙用溫度計

水果軟糖製作

在平底方盤上鋪一張烘焙紙，或是在矽膠墊上以 1 公分厚的尺圍成方形，
方便倒入水果泥。將果膠和 50 克的糖拌勻，倒入已事先加熱至 50℃的荔
枝果泥。一起煮至滾沸後再續煮 1 分鐘。加入 450 克的糖，再次加熱至滾
沸，最後倒入蜂蜜並加熱至 107℃。倒入檸檬汁使其不再升溫，立刻將鍋中
果泥倒在事先準備的方盤烘焙紙或矽膠墊上。於室溫下靜置一晚。

分切及沾覆砂糖

將凝結成形的水果軟糖自烘焙紙上取下。兩面先沾裹細砂糖，接著以各邊 3
公分的大小分切成塊，各面再次沾裹細砂糖。將水果軟糖置於密封罐中，
存放於乾燥處。

法式西洋梨軟糖

約可做 50 塊

準備時間 30 分鐘
靜置一晚

500 克含果肉的西洋梨果泥
12 克黃色果膠
550 + 50 克糖
100 克蜂蜜
80 克檸檬汁

器具
烘焙用溫度計

水果軟糖製作

在平底方盤上鋪一張烘焙紙，或是在矽膠墊上以 1 公分厚的尺圍成方形，方便倒入水果泥。將果膠和 50 克的糖拌勻，倒入已事先加熱至 50℃的西洋梨果泥。一起煮至滾沸後再續煮 1 分鐘。加入 550 克的糖，再次加熱至滾沸，最後倒入蜂蜜並加熱至 107℃。倒入檸檬汁使其不再升溫，立刻將鍋中果泥倒在事先準備的方盤烘焙紙或矽膠墊上。於室溫下靜置一晚。

分切及沾覆砂糖

將凝結成形的水果軟糖自烘焙紙上取下。兩面先沾裹細砂糖，接著以各邊 3 公分的大小分切成塊，各面再次沾裹細砂糖。將水果軟糖置於密封罐中，存放於乾燥處。

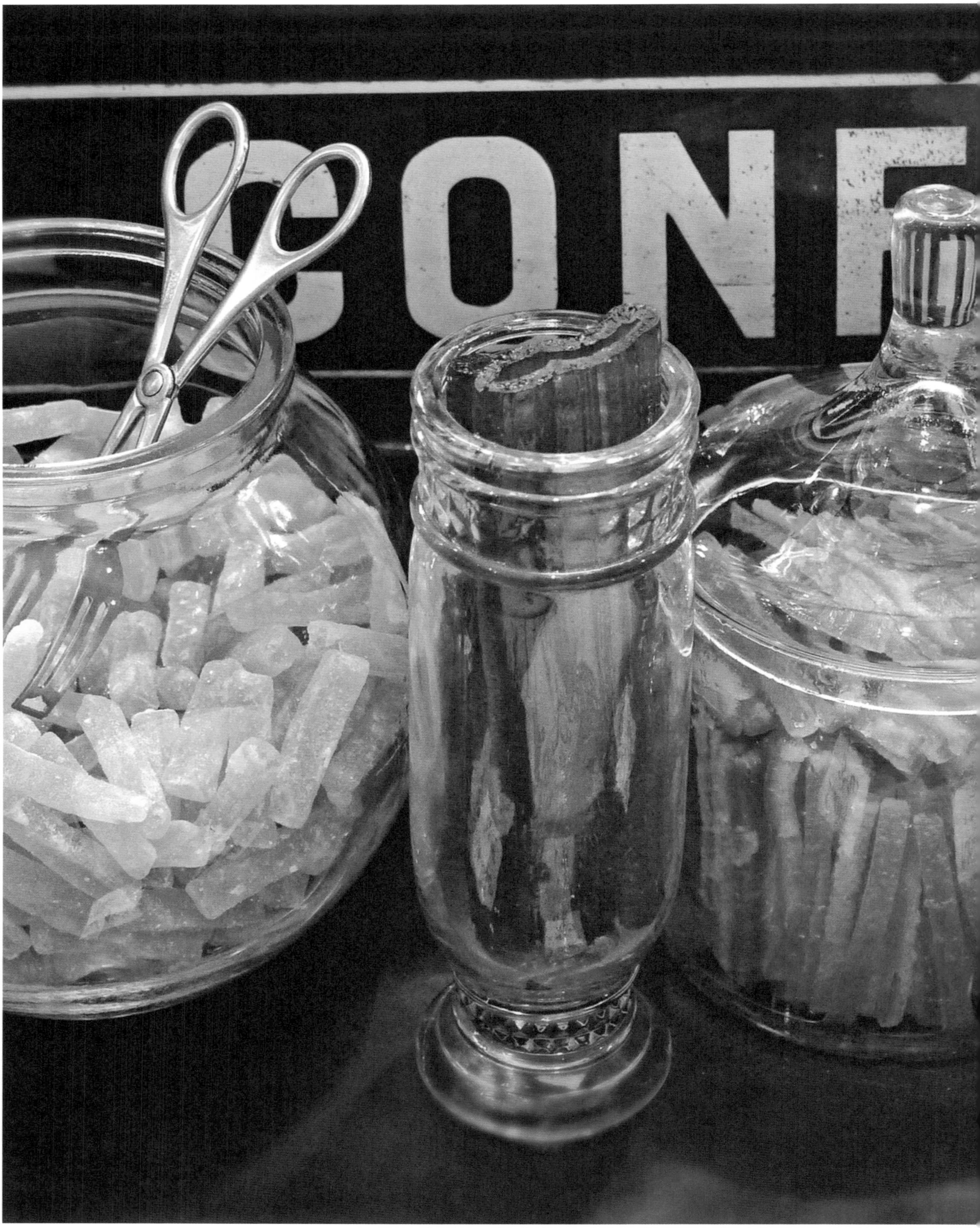
CONF

法式榲桲軟糖

約可做 50 塊

準備時間 2 小時

1 公斤的榲桲
糖（和清洗處理過的榲桲同量）
1 根香草莢
750 克水

器具
1 塊細紗布
細網眼濾布

榲桲的準備工作

將榲桲清洗乾淨。削去外皮，切塊後將裡面的籽包入細紗布裡。把切好的榲桲塊、包在紗布裡的籽、750 克的水一起加熱煮 20 分鐘，直到果肉變軟。

榲桲軟糖的製作

以濾布過濾，榲桲汁可留下做成榲桲水果凍。將濾去汁的果肉以食物處理機攪打成泥，秤重後加入等量的糖。再倒入一只夠大的鍋裡。將一根香草莢剖開後刮下籽，連籽帶莢一起放入鍋中，加熱 20 分鐘，以木質刮鏟不斷地攪拌。離火並取出香草莢。

完成步驟

在烤盤上鋪一層烘焙紙，倒入約 1.5 公分厚的榲桲果泥。靜置放涼約一天，接著取出分切成塊。榲桲軟糖置於密封罐中可保存 3 個月。

變化用途：這可能是所有水果軟糖當中最棒的一種。可以試著放在羊奶乳酪上一起品嚐……

糖漬鳳梨

1 顆鳳梨

每天 10 分鐘，連續 4 日
靜置一星期

1 顆鳳梨
1 公升水
1.2 公斤糖

鳳梨的準備工作
先將鳳梨去皮並仔細去除節眼。接著橫切成 1 公分厚的鳳梨片（除非您用的是小品種維多利亞鳳梨＊）。利用圓形圈模將中心（梨心）部分去除後，把鳳梨片置於盤中。

糖水泡漬
將水和 600 克糖放入鍋中加熱至滾沸。澆淋在鳳梨片上，之後加蓋靜置。

加熱
隔日將盤中糖水倒回鍋中，再次加熱至滾沸並加入 200 克的糖，把鳳梨片放入糖水中，煮滾後續煮 3 分鐘。關火靜置。再重覆此步驟 2 回，每回皆加入 200 克的糖。將鳳梨片浸漬於糖水中一個星期。濾掉糖水即可品嚐！

＊譯註：維多利亞鳳梨（ananas victoria）是產於法屬留尼旺島（la réunion），外型嬌小
　的鳳梨品種。因為深受維多利亞女王的喜愛而得名。

　方便簡單：如同所有糖漬水果一樣，步驟必須分次進行，要等一
個星期才能完成。但其實過程非常簡單，而且不會花上你太多時
間！

Dragées
amandes Extra Fines

3F40

À LA MÈRE DE FAMILLE
Maison fondée en 1761
MAGASIN SPÉCIAL DE DESSERTS D'HIVER

G. LECŒUR
35, Faubourg Montmartre et 1, Rue de Provence
Téléphone : Gutenberg 25-46

A LA MÈRE DE FAMILLE
CONFISERIE & DESSERTS
VINS FINS - LIQUEURS - CHAMPAGNES

Ancienne maison R. LEGRAND

A. BRETHONNEAU

35, Faubourg Montmartre et 1, Rue de Provence

PARIS (9e), Mois de Décembre 1963

Maison Fondée en 1761

R. C. SEINE 57 A 16.279
C. C. P. PARIS 10.800 06

Tél. : PROvence 83-69

Madame Marie Louise Glacier
Extra   Doit

Im : 697 75 103038

	Salaire brut 20 jours ×	25	500 -
Retenues	Sécurité Sociale 6 %		30
			470 -
	Assurance Chomage 0.05		0 25
			469 75
Indemnité	Transport		16
			485,75

糖漬金桔

30 顆金桔

連續四日，每天 10 分鐘
靜置一星期

500 克金桔
1 公升水
1.2 公斤白砂糖

金桔的準備工作
將金桔洗淨。在一只大鍋中將水燒開，放入金桔，煮 1 分鐘使外皮變軟。
煮時注意不要使金桔果肉裂開。

糖水浸漬
將水和 600 克糖放入鍋中煮至滾沸。將金桔放入糖水裡續煮 1 分鐘，然後
靜置。隔日將金桔取出，再次將糖水煮滾，加入 200 克糖。重新放入金
桔，加熱至滾沸後續煮 1 分鐘，之後關火放涼。再重覆相同的步驟 2 回，
每次皆加入 200 克的糖。金桔浸漬一星期後，濾掉糖水就可以品嚐！

糖漬西洋梨

3 顆西洋梨

連續四天，每日 10 分鐘
靜置一個星期

3 個大小適中的西洋梨
1 公升水
1.2 公斤糖
一整顆黃檸檬壓出的汁

西洋梨的準備工作
外皮削掉縱切成兩半。鋪放在盤中，淋上檸檬汁避免氧化。

糖水浸漬
將水和 600 克糖放入鍋中煮至滾沸。將滾沸的糖水淋在西洋梨上，之後加蓋靜置。隔日將糖水倒回鍋中，再次將之煮滾，加入 200 克糖。放入西洋梨，加熱至滾沸後續煮 3 分鐘，之後關火靜置。再重覆相同的步驟 2 回，每次皆加入 200 克的糖。
西洋梨浸漬一星期後，濾掉糖水就可以品嚐！

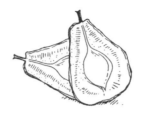

 師傅的訣竅：盡量選尺寸較小的西洋梨品種，不要太生或過熟：盡可能選不過熟的水果，放至適合糖漬的時候再來製作。

糖漬柳橙及檸檬片

可做 20 片柳橙及 20 片檸檬

連續四天,每日 10 分鐘
靜置一個星期

4 顆柳橙
4 顆檸檬
1 公升水
1.2 公斤白砂糖

柳橙和檸檬的準備工作

將水果洗淨,接著橫切成厚約 0.8 公分的薄片。在大鍋中將水煮開,放入柳橙片和檸檬片續煮 5 分鐘使外皮軟化。

糖水浸漬

將水和 600 克糖放入鍋中煮至滾沸。將滾沸的糖水淋在柳橙片和檸檬片上,之後加蓋靜置。隔日將糖水倒回鍋中,再次將之煮滾,加入 200 克糖。將水果放入糖水中,加熱至滾沸後續煮 3 分鐘,之後關火靜置。再重覆相同步驟 2 回,每次皆加入 200 克的糖。浸漬一星期。
濾掉糖水就可以品嚐!

變化用途:這些柳橙檸檬片可以取代一些食譜中的糖漬柑橘皮。因為它們連果肉層一起糖漬,所以和柑橘皮比起來,苦味不會那麼重。

« À LA MÈRE DE FAMILLE »
熟客速寫

姓：…………………………………………………………洛里
名：………………………………………………………可蕾特
職業：……………………………………………………心理學家
居住區：……………………………………………………第十八區
常去的店鋪：…………………………………福布爾－蒙馬特街
第一次光顧：………………………………………………五年前

光顧的頻率：……………………………………………一年三次
喜愛的巧克力：…………………………………………黑巧克力
食用巧克力的習慣：………………………………和咖啡一起

1
一年當中何時來店裡？
聖誕節或生日的時候。

2
跟美食有關的，最棒的享
受是？
乳香焦糖。

3
您個人和飲食有關的小嗜
好？
喜歡吃冰晶糖栗。

4
童年記憶中的糖果？
可鴻棒*。

5
您喜歡和人分享的美食？
一整盒巧克力。

6
和這個地方有關的記憶？
每回經過時能欣賞櫥窗擺
飾的快樂。

7
一 段 和 À la mère de
famille 的甜點有關的最
佳時光？
和好友一起分享當午後點
心的香料麵包。

8
如果舖子想送您一份禮
物？
蒙馬特巧克力薄片。

9
《巴黎媽媽甜點舖》對您
而言代表的是？
最精緻的傳統巧克力師
傅。

10
請 用 一 句 話 代 表 À la
mère de famille ？
童年夢想。

11
À la mère de famille 的
祕密食譜是？
在延續傳統的同時，謹慎
小心地維持各式甜點的精
緻度。

12
和其他店不一樣的是？
細緻的味道。

13
談談您第一次和甜點舖的
相遇？
完完全全被她吸引住。

14
她的歷史給您什麼樣的想
法？
傳統之中的好品質。

15
您為什麼喜愛 À la mère
de famille ？
因為喜愛她那令人難以抗
拒的甜美滋味……

＊譯註：可鴻棒 carambar 是一
款家喻戶曉的乳香焦糖棒，
特別的是包裝紙內面有各式
各樣的短笑話或是謎語。

冰晶糖栗

準備時間 45 分鐘
連續 6 天，每日糖漬 10 分鐘
靜置 12 個小時

1 公斤帶殼栗子
2 公斤蔗糖
2 公升水
1 根香草莢

glaze 上蜜汁
400 克糖粉
100 克栗子糖漿

栗子的準備工作

栗子洗淨後將浮在水面的（因為裡面是空的）撿除。在栗子表層以刀劃上十字。放入盛有冷水的鍋中，加熱至滾沸後續煮 3 分鐘。瀝掉水分，剝除第一層外皮（殼）。再放入滾水中煮 15 分鐘後關火。取出栗子並立刻去掉外層薄膜，其他未除薄膜的栗子則繼續浸泡在熱水中，然後依序完成脫除薄膜的步驟。將栗子小心地放入可以滴除剩餘水分的圓底瀝鍋。

糖水

將水、糖和剖開刮籽的香草莢連籽一起放入鍋中加熱至滾沸。將放有栗子的瀝鍋浸入糖水中小火微滾 3 分鐘。於室溫靜置一晚。隔日將栗子取出，再次將糖水加熱至滾沸後續煮 5 分鐘使之濃縮，含糖量增加。再將栗子放入糖水中小火微滾 3 分鐘。靜置到隔日，再重覆 5 次相同的步驟。直到糖水浸滲到栗子中心即成。將栗子置於烤架上一整天滴除多餘糖液。

glaze 上蜜汁

將糖粉及栗子糖漿混合成表層晶面刷液。整顆栗子沾覆刷液後再置於烤架上。將栗子放入已預熱 220℃的烤箱裡烤 2 到 3 分鐘，使晶亮外層成形。取出放涼。存放於乾燥處。

第 5 章

我們現在身處麵包天堂。從早餐開始，就完全不會覺得枯燥無聊，有覆盆子果醬（嗯，傳統口味）、乳香抹醬（對！香濃好吃）、自製巧克力抹醬（可依自己口味偏好特別訂製）、焦糖抹醬（啊！在塗了果醬的麵包片上再抹上一層焦糖醬，豈不是太棒了？）和少見的列日糖漿*（這啥？）。趕緊在你的食物上添擺這些熬個兩回、攪個三下就成的神奇抹醬。然後你會發現，它們一下子就沒了。

*譯註：列日糖漿（sirop de Liège）為比利時列日地區（province de Liège）特產，由蘋果或梨子長時間熬煮而成的深色濃醬。

果醬和抹醬

香草淺鹽焦糖抹醬

可做 2 罐

準備時間 20 分鐘

300 克糖
350 克鮮奶油
100 克淺鹽奶油
1/2 根香草莢

器具
烘焙用溫度計
有蓋的罐子

抹醬罐殺菌
將抹醬罐和上蓋一起放入沸水中煮 3 分鐘殺菌。

焦糖和香草鮮奶油的準備
將鮮奶油和剖開的香草莢及刮下的香草籽一起加熱至約 80℃。將糖放入另一個鍋子裡，先加熱煮成金色焦糖醬（參考第 10 頁）。

焦糖熬煮
將溫熱的鮮奶油加入金色焦糖中熬煮（注意熱濃醬會噴濺！）。加熱至107℃時，加進奶油。攪拌過後盛入罐裡。注意：這款抹醬冷藏至多可放一星期。

榛果抹醬

可做 2 罐

準備時間 30 分鐘

180 克榛果或榛果泥
300 克牛奶
30 克蜂蜜
275 克烘焙甜點用牛奶巧克力
50 克可可含量 70% 的黑巧克力

器具
有蓋的罐子

抹醬罐殺菌
將抹醬罐和上蓋一起放入沸水中煮 3 分鐘殺菌。

準備榛果膏
將榛果放入 160℃ 的烤箱烤 10 分鐘。冷卻之後,置於雙掌中搓掉外膜。放入食物調理機裡打碎成光滑的榛果膏。

榛果醬
將牛奶和蜂蜜放入鍋中加熱至滾沸,之後倒入榛果膏裡。將巧克力加熱熔化加入,攪拌均勻,倒入罐中置於冰箱冷藏。注意:這款抹醬冷藏至多可保存一星期。

 變化口味:這款抹醬可做多種口味變化,例如可用杏仁、腰果代替榛果,採用豆漿或米漿,以龍舌蘭糖漿代替蜂蜜……試試找出你最喜歡的配方吧!

杏仁脆果抹醬

可做 2 罐

準備時間 40 分鐘

500 克原味杏仁
300 克糖
100 克可可含量 70% 的黑巧克力

器具
食物調理機
矽膠墊
有蓋的罐子

抹醬罐殺菌
將抹醬罐和上蓋一起放入沸水中煮 3 分鐘殺菌。

準備杏仁焦糖
將杏仁放入 160℃ 的烤箱烘烤。糖置入鍋中加熱成焦糖後，加入杏仁並攪拌。之後倒在矽膠墊上放涼。

抹醬製作
當焦糖降溫變涼後，先粗略打碎，之後將 100 克的焦糖脆粒取出置於一旁備用。繼續攪打剩餘的杏仁焦糖直到成表面光滑的膏狀。將巧克力加熱熔化後加入，再攪打均勻，用湯匙將焦糖脆粒舀進並稍加攪拌均勻，盛入罐裡。
室溫下可保存 15 天。

1920
~
1950

1761 ~ 1791

一間鄉村風格的店舖

1791 ~ 1807

一個父親的命運

1807 ~ 1825

自由的女人

1825 ~ 1850

在藝術生命之中

1850 ~ 1895

餅乾與糖果

在地的靈魂

一九二〇年代，由於鄰近歌劇院、劇場和馬德里街的藝術學院，福布爾－蒙馬特街成為巴黎夜晚人聲鼎沸的地方。

整個地區隨著音樂家和舞蹈家的節奏一起呼吸。在彌漫著藝術和喧鬧的氣氛裡，À la mère de famille 不但成了傳統文化的守護者，更兼具了「當地靈魂」的特質。荷基·德爾和他的妻子堅守著喬治·勒克留下的工作精神，他們隨著季節變化店裡的產品，使得小舖更生動活潑。甜點店堅持傳統的精神，以及處於夜晚鬧區但卻獨樹一格的特質，吸引了藝術家們的光顧，這在當時甚至在藝術家之間掀起一陣風潮。甜點舖激發了作家、攝影家以及電影工作者們的靈感；而當有晚間表演節目時，她也會提供點心外送。夜幕降臨，在街上溜達遊盪的人們總忍不住在福布爾－蒙馬特街的甜點舖櫥窗前駐足瀏覽，讓童年的美好回憶再現。當荷基·德爾於一九三一年過世後，就由他唯一的女兒和其丈夫接手經營。他們住在離店舖不遠的地方，熱愛當地藝文活動，且被深深吸引的勒格朗太太，投入了更大量心力經營店舖。三年之後，勒格朗太太認養了她那年僅十二歲，但已失去雙親的小表妹蘇珊娜。無子嗣的勒格朗夫婦撫養蘇珊娜，同時教會了她店裡的一切。第二次世界大戰期間，儘管店舖經營日益困難，但他們仍努力繼續提供巧克力和餅乾。戰爭結束後，勒格朗夫婦的店舖重新開張，並雇用了一位新的員工，年輕的阿爾伯特·布列特諾。並肩工作的阿爾伯特和蘇珊娜漸漸地愛上了對方，在愛情慢慢滋長的同時，也繪出了他們「店舖*」的未來。

季節的變化最能夠反映在糖果餅乾巧克力的產品上。從一九二〇年代開始，À la mère de famille 在復活節期間都會推出許多動物造型的巧克力：小魚、母雞、大象、鵜鶘或長頸鹿；秋天一到，便改由果醬和糖漬水果上場；聖誕節時，松露巧克力和冰晶糖栗則成了店裡要角。

*譯註：店舖（maison）在法文裡的本意是「家」，但也用來指稱商家店舖。此處依上下文意，兩者意思皆有，一語雙關。

1895 ~ 1920	1920 ~ 1950	1950 ~ 1985	1985 ~ 2000	2000 迄今
童年的夢想	在地的靈魂 *	阿爾伯特和蘇珊娜	巧克力時代	歷史新頁

柳 橙 果 醬

可做 3 罐果醬
準備時間 1 個小時
熬煮時間 15 分鐘
靜置一晚

柳橙..5 顆
黃金砂糖...1 公斤的水果需要 800 克
小豆蔻籽..4

器 具
有蓋的罐子

果 醬 罐 殺 菌
將抹醬罐和上蓋一起放入沸水中煮 3 分鐘殺菌。

準 備 水 果
先將柳橙洗淨，切除頭尾兩端。

熬 煮
水中加入一小撮鹽加熱至滾沸，放入柳橙加熱 5 分鐘。取出柳橙後重覆相同步驟但水中不加鹽。將柳橙取出放涼後再切小塊。

糖 漬 步 驟
柳橙秤重，以 1 公斤 800 克的方式計算加入所需糖量。加進小豆蔻籽，覆上保鮮膜後醃漬一晚。隔日加熱，滾沸後續煮 15 分鐘。最後平均分裝入殺菌過的罐裡並立即蓋上。

列日糖漿

可做一罐

準備時間 20 分鐘
熬煮 2 小時 + 1 小時

7 顆西洋梨
3 顆蘋果
1 杯水
150 克糖

器具
細網篩
有蓋的罐子

罐子殺菌
將罐子和上蓋一起放入沸水中煮 3 分鐘殺菌。

準備水果
將水果洗淨後，不削皮不去籽，切成四份。

熬煮
將水果放入鍋中並加水，以小火加熱至微滾後加蓋繼續熬煮 2 個小時。煮好後以細網篩過濾。將濾掉渣後的水果汁放入鍋中加糖，以小火熬煮 1 個小時直到成濃縮糖漿。

裝罐
盛倒入罐中，放涼後即完成。

歷史：這是一份比利時傳統食譜，它萃取並保存了水果（蘋果、梨子）的風味。除了作為抹醬外，也可用於烹調，例如燉兔肉的食譜就可加進這款列日糖漿增加風味。

乳香抹醬

準備時間 1 小時

1 公升的全脂牛奶
400 克糖
50 克蜂蜜
1 根香草莢

器具
有蓋的罐子

抹醬罐殺菌
將抹醬罐和上蓋一起放入沸水中煮 3 分鐘殺菌。

準備抹醬
在鍋中放入牛奶、糖、剖開的香草莢和刮下的香草籽。加熱至滾沸後續煮，直到鍋裡的量漸漸減少。變濃稠後將香草莢取出，並持續攪動，使鍋底不致焦黏。當鍋中牛奶醬能沾覆於湯匙背面不輕易滴落時即可離火。

裝罐
將乳香抹醬盛倒入罐中並立即蓋上。
抹醬可保存 2 個月。開罐後要冷藏保存，並於 15 日內食用完畢。

若在大雨中走了一大段路以後，能夠嚐到一片塗了傳統乳香抹醬的鄉村麵包，真是一種美好的幸福。

覆盆子果醬

可做 2 罐

準備時間 10 分鐘
熬煮 20 分鐘
靜置 1 小時

600 克覆盆子
400 克糖

器具
有蓋的罐子
專門用來熬煮果醬的盆子（或是厚底的鍋子）

果醬罐殺菌
將果醬罐和上蓋一起放入沸水中煮 3 分鐘殺菌。

以糖醃漬水果
將覆盆子洗淨，放入果醬專用的盆中（若無，可以傳熱較佳的厚底鍋代替）。倒入糖，拌勻後靜置 1 個小時。

熬煮
以小火加熱至滾沸，如有需要，撇除上層浮沫。以較大的火續煮約 15 分鐘。

裝罐
檢視果醬熬煮程度：以小匙舀起後會很快變濃稠即可。將覆盆子果醬盛倒入罐中，並立即蓋上瓶蓋。

第 6 章

六種不同的酥餅和多種杏仁餅乾，像是瓦片餅乾或者馬卡龍、椰絲岩球、原味或巧克力口味的鬆脆蛋白糖霜：我們會以為這是精心排列在禮盒中的各式餅乾。但此處唯一不同的是，這兒聞得到奶油和新鮮蛋香，而且美味又酥脆⋯⋯因此這些是絕對要學起來，在下午茶時便能驕傲地端出來的點心。這全都是長久以來深受歡迎、讓人酷愛的、非吃不可的傳統餅乾，每個人一定都能從中找到自己喜愛的口味。

餅乾甜點食譜

布列塔尼奶油酥餅

約做 30 塊酥餅

準備時間 10 分鐘
烘烤時間 15 分鐘
靜置一晚

3 顆蛋黃	器具
140 克糖	30 個左右的圓模具
150 克奶油	或是矽膠圓模烤盤
4 克鹽	
200 克麵粉	
15 克泡打粉	

麵團製作
將蛋黃和糖放入大碗中用打蛋器攪拌。當攪打至顏色漸淺時，加入膏狀奶油。最後再加入鹽、泡打粉、篩過的麵粉，揉成麵糰後置入冰箱冷藏一晚。

烘烤
將麵團擀壓成 0.5 公分的厚度。以直徑 5 公分的圓形圈模，壓刻出一塊塊扁圓型麵糰。再將之放入事先抹過奶油的圓模具中，排在鋪有烘焙紙的烤盤上。放入預熱 170℃的烤箱中烤 15 分鐘即完成。

奶油小圓餅

約做 50 塊小圓餅

準備時間 15 分鐘
烘烤 20 分鐘
靜置 1 小時

250 克糖粉
270 克奶油
500 克麵粉
2 顆蛋
1 小撮鹽
牛奶

器具
有花邊狀的圈模

麵團製作
將奶油、鹽、糖粉一起攪拌均勻。加入蛋、麵粉。將麵團放於烘焙紙上，再蓋上第二張烘焙紙，壓擀成 0.2～0.3 公分的厚度。放入冰箱冷藏 1 小時。

烘烤
烤箱先以 170℃預熱。拿掉上層覆蓋的烘焙紙，以有花邊狀的的圈模壓刻出小圓餅。再排列在鋪有烘焙紙的烤盤上。用刷子在餅乾表面沾點上牛奶，再以叉子輕劃。以 160℃的溫度烘烤約 20 分鐘。存放於乾燥處。

變化口味：也可嘗試使用含鹽奶油！注意，奶油要提早自冰箱取出。

肉桂焦糖餅乾

可做 70 塊肉桂焦糖餅乾

準備時間 10 分鐘
烘烤 15 分鐘
靜置 1 小時

125 克奶油
160 克棕色甜菜糖*
1 顆蛋
220 克麵粉
8 克肉桂粉
4 克泡打粉

餅乾麵團製作
將膏狀奶油和甜菜糖一起放入大碗中均勻拌合。加入蛋，接著放入肉桂
粉、麵粉和泡打粉。取出麵團，置於一張烘焙紙上。再覆蓋另一張烘焙
紙，擀壓成 0.2 ～ 0.3 公分的片狀。放入冰箱冷藏 1 小時。

烘烤
烤箱預熱 170℃，拿掉烘焙紙，並且切分成小長方形，放入烤箱以 170℃ 烤
約 15 分鐘。
存放於乾燥處。

＊譯註：棕色甜菜糖（vergeoise）是由甜菜根（betterave）所製成的糖。

師傅的訣竅：「棕色甜菜糖」是無可取代的，它顏色深且相當軟。
也可使用與其相當的，而且在有機通路可以找得到的英式「粗糖
＊」。

＊譯註：英式粗糖是 Muscovado。

杏仁脆餅

可做 30 塊

準備時間 10 分鐘
烘烤 15 分鐘

2 顆蛋的蛋白
225 克白砂糖
50 克麵粉
125 克杏仁薄片

器具
矽膠烤墊

麵團製作
烤箱預熱 190℃。用刮刀將蛋白和白砂糖混拌均勻，再加入麵粉。最後再加入杏仁薄片，小心拌合，並盡量保持杏仁薄片的完整。

烘烤
烤盤上先鋪上一層矽膠烤墊，用湯匙分出小份的麵糰並排好，在麵團之間留出足夠的空間。放入烤箱烤約 15 分鐘。取出後放涼，之後再從烤墊上拿下。存放於乾燥處。

 師傅的訣竅：可嘗試加些橙花水增加風味，或者像杏仁瓦片那樣加些柑橘皮絲。

« À LA MÈRE DE FAMILLE »
熟客速寫

姓：……………………………………… 雪弗洛
名：………………… 瑪莉－歐迪兒，又名喬爾吉特
職業：……………………………… 餐飲負責人
居住區：…………………………………… 第九區
常去的店舖：……………… 福布爾－蒙馬特街
第一次光顧：…………………………… 很久以前了

光顧的頻率：………………………… 一個月一次
喜愛的巧克力：…………………………… 黑巧克力
食用巧克力的習慣：……………………… 很難停止！

1

來店裡最佳時機？
下午，中午工作結束後。

2

跟美食有關的，最棒的享
受是？
杜爾巧克力方磚[1]。

3

您個人和飲食有關的小嗜
好？
吃蒙馬特巧克力薄片[2]。

4

您童年記憶中的糖果？
奈古思糖[3]和乳香焦糖。

5

您喜歡和人分享的美食？
卡莉頌杏仁糖。

6

您一個人時喜歡的是？
巧克力片！像是阿比納[4]
或是孟加里[5]巧克力。

7

您認為最浪漫的甜點是？
杏仁膏做的櫻桃。

8

一段和這個地方有關的記
憶？
我全部的童年……

9

一 段 和 À la mère de
famille 的甜點有關的最
佳時光？
聖誕節和冰晶糖栗。

10

如果舖子想送您一份禮
物？
一小盒巧克力。

11

À la mère de famille 對
您而言代表的是？
最佳店舖。

12

請用一句話代表 À la
mère de famille ？
什麼都有……

13

À la mère de famille 深
得您心的祕密食譜是？
離家近 。

14

和其他店不一樣的是？
她的真誠。

15

她的故事讓您有什麼想
法？
對傳統品質的維持和熱切
的情感。

＊譯註 1：杜爾巧克力方磚（le pavé de Tours）是安德爾－盧瓦爾省杜爾鎮的名產。呈小方磚形的巧克力包著酥脆的堅果焦糖餡，外層
則是黑巧克力或是牛奶巧克力。
＊譯註 2：蒙馬特巧克力（Les palets Montmartre）為厚如錢幣的圓片形，入口即化的香濃巧克力伴隨著不同口味的內餡，常有令人意
想不到的驚喜。
＊譯註 3：奈古思糖（Le Négus）是那維爾鎮的特產。一種包覆著硬糖殼，內有巧克力焦糖軟餡的糖果。1902 年由位於納維爾鎮的葛
里耶甜點舖所創。當時甜點舖有項傳統，他們每年都會創作出一些與該年有關的甜點，當時正巧衣索比亞的國王訪法，於是就以國
王的名字奈古斯為名。這糖果馬上造成轟動，而發明的甜點舖今日也以此為名。
＊譯註 4：阿比納（Abinao）是以產自非洲的可可豆製成的巧克力片。
＊譯註 5：蒙加利（Manjari）是以產自馬達加斯加的可可豆所製成的巧克力片。

杏仁瓦片

大約可做 40 塊

準備時間 10 分鐘
烘烤 15 分鐘

2 顆蛋
150 克杏仁薄片
125 克糖
25 克麵粉

器具
擀麵棍

麵團製作
用攪拌刮刀將大碗裡的蛋和糖攪拌均勻。接著加入麵粉，然後是杏仁薄片。小心盡量別將薄片拌碎！

烘烤
先將烤箱預熱 190℃。利用湯匙將麵團分成小份，分別排放在已經塗油或舖有烘焙紙的烤盤上。記得小麵糰間要留足夠的空間。再利用叉子將麵團壓平成扁圓形。放入烤箱烤約 10 分鐘：烤至周圍上色而中心仍為淺色。

塑形
自烤箱取出後立即用烘焙刮刀把杏仁餅片取下，一塊一塊排在擀麵棍上，或是半圓溝槽狀的容器裡，使得餅片彎曲成瓦片型。放涼後存置於乾燥處。

 師傅的訣竅：若要使叉子不黏在麵團上，可以先將叉子浸濕。如果想要增加杏仁瓦片的風味，可以在準備過程中加入刨得非常細的柳橙皮絲。

榛果酥餅

50 塊酥餅

準備時間 10 分鐘
烘烤 12 分鐘
靜置 1 小時

160 克奶油
130 克糖粉
2 顆蛋
10 克酵母
330 克麵粉
130 克榛果

麵團製作

將糖粉加入奶油攪拌使其顏色變淺。加入蛋，然後是麵粉和酵母。再放入敲碎的榛果，拌勻後放入冰箱冷藏。

烘烤

取出冷藏變硬後的麵團，先搓成長條後再塑形成有四個面的長方條。接著以 0.5 公分的間距分切成小長方形。烤箱預熱 190℃。將塑形完成的小長方塊排列在烘焙用烤盤上，然後放入烤箱烤約 12 分鐘。

開心果巧克力酥餅

可做 50 塊酥餅

準備時間 10 分鐘
烘烤 12 分鐘
靜置 1 小時

220 克奶油
80 克糖粉
1 小撮鹽
1 顆蛋
30 克可可粉
280 克麵粉
70 克全顆去皮的開心果

麵團製作
將奶油、糖粉、鹽一起拌勻。加入蛋，接著放入麵粉和可可粉。最後加入
開心果，拌勻之後放入冰箱冷藏。

烘烤
取出冷藏變硬後的麵團，先搓成長條，接著以 0.5 公分的間距分切成圓片。
烤箱預熱 190℃。將圓形片排放在烘焙烤盤上，放入烤箱烤約 12 分鐘。

1950
~
1985

阿爾伯特
和
蘇珊娜

一九五〇年，阿爾伯特·布列特諾娶了蘇珊娜。這家店就代表了他們的一生。

懷著一種特別的情感，他們決定接下勒格朗夫婦留給他們的舖子。在蘇珊娜和阿爾伯特飽滿的衝勁之下，舖子繼續在充滿競爭的巴黎保有一席之地。二十世紀初仍持續生產喬治·勒克推出的產品：巧克力、來自法國各地的糖果餅乾、堅果、蛋糕，還有著名的普蘭普魯維＊，布列塔尼的酒漬水果、冰晶糖栗、二十五種小甜點……蘇珊娜因她獨到眼光的陳列擺設而出名，尤其是依照季節及節日所呈現的櫥窗更吸引了美食家們的目光。À la mère de famille 因巧克力而名氣日增，人們稱布列特諾為巴黎地區新一代的巧克力師傅……當到了該退休的時候，夫婦倆開始小心謹慎地思考接班人。他們最優先考量的是維持巧克力品質的名聲。也就是在這樣的想法之下，他們遇見並選擇了賽哲·納夫，他是當時法國最佳巧克力工藝師之一，並且也深深被店舖的魅力所吸引。他跟隨著舖子的腳步，展現了對巧克力的熱情，那也正是使舖子愈來愈受歡迎的主要原因之一。

讓福布爾－蒙馬特區活躍熱鬧的特維斯、摩加多爾、巴黎劇院、東北劇院、新作劇院、斯普隆迪劇院以及馬里尼等地，距離甜點店都僅幾步之遙……當地對於店舖的名聲已口耳相傳到了極致，人們低聲相傳那些頂尖的表演家們，都會利用彩排之間的空檔，來到歷史悠久的 À la mère de famille 來選購喜歡的甜點。

＊譯註：普蘭普魯維（plum plouvier）是出產巴巴蘭姆的品牌。

1895 ~ 1920	1920 ~ 1950	1950 ~ 1985	1985 ~ 2000	2000 迄今
童年的夢想	在地的靈魂	阿爾伯特和蘇珊娜	巧克力時代	歷史新頁

蒙龐西耶蛋糕

以直徑 8 公分的圓模型可做 10 塊
準備時間 10 分鐘
烘烤時間 15 分鐘

糖粉..250 克
杏仁粉...250 克
麵粉..100 克
蛋...5 顆
奶油..50 克
鹽...1 小撮
杏仁片..50 克

器具
直徑 8 公分的小圓模

準備麵糊
先將圓烤模內面塗上奶油，底面鋪灑上杏仁薄片。
將糖粉、杏仁粉、麵粉、3 顆全蛋和 2 個蛋黃（蛋白置於一旁備用）
一起放入大碗中拌勻。加入融化的奶油。蛋白加鹽後打發。慢慢小心
地將打發的蛋白拌入之前的麵糊裡。

烘烤
將麵糊分倒入圓模中，以 170℃的溫度烤 15 分鐘。
自模中取出，放涼後存放於密封盒中。

小蛋白糖霜

約可做 50 塊小蛋白糖霜

準備時間 15 分鐘
烘烤 4 小時

3 顆蛋的蛋白
90 克糖
90 克糖粉

器具
擠花袋（可不用）
烘焙用溫度計
電動攪拌器

蛋白霜製作
將蛋白和糖放入電動攪拌器的鋼盆中，再將鋼盆以隔水加熱的方法升溫至約 45℃。鋼盆固定在攪拌器上後以高速攪拌將蛋白打發，當蛋白霜打發且變涼後再用烘焙刮刀將篩過的糖粉輕輕拌入。

烘烤
把蛋白霜裝入附有擠花嘴的擠花袋中，擠出小份蛋白霜，或者以湯匙將蛋白霜分成小份，排在一張烘焙紙上。依分出的份量大小，放入 95℃的烤箱裡烤 4 個小時或更久。存放於乾燥處。

 師傅的訣竅：蛋白霜糖在烤箱裡烤時容易變得太乾，所以烘烤時需要較低的溫度和較長的時間。要增加蛋白霜糖細微的口味變化，可以試著加入 1 ～ 2 滴的玫瑰水……

椰絲岩球

約可做 40 塊

準備時間 15 分鐘
烘烤 4 分鐘
靜置 2 小時

3 顆蛋的蛋白
220 克糖
200 克椰絲

器具
烘焙用溫度計
電動攪拌器

蛋白霜製作
將蛋白和糖放入電動攪拌器的鋼盆中，再將鋼盆以隔水加熱的方法升溫至
約 45℃，使得鋼盆裡的糖稍稍融化。將蛋白打發且變涼後，用烘焙刮刀將
椰絲輕輕拌入。

烘烤
以湯匙將椰絲蛋白霜分成小份排在一張烘焙紙上。於室溫靜置 2 小時。烤
箱預熱 230℃，放入烤箱烤 4 分鐘使椰絲岩球稍稍上色。

巧奶奶蛋白糖霜

10 個

準備時間 20 分鐘
烘烤 4 小時

蛋白霜的準備
3 顆蛋的蛋白
90 克糖
90 克糖粉

夾心餡
240 克鮮奶油
170 克可可含量 70% 的黑巧克力
25 克蜂蜜
65 克奶油

器具
烘焙用溫度計
電動攪拌器

蛋白霜製作
將蛋白霜的材料混合（參考第 232 頁）後，利用湯匙分成 20 份，排在鋪有
烘焙紙的烤盤上。放入已預熱 100℃ 的烤箱裡烤 4 小時。

夾心餡
將鮮奶油和蜂蜜倒入鍋裡以小火加熱至微滾。切碎巧克力後倒入大碗中，
再倒入熱的鮮奶油。以烘焙刮刀輕輕攪拌使甘納許質地均勻。當溫度降至
35℃ 時，加入膏狀奶油。

組合
於室溫下放置 2 小時。之後在 2 個蛋白霜糖中夾填進巧克力奶油餡。存放
於乾燥處。

杏仁馬卡龍

可做約 50 個馬卡龍

準備時間 20 分鐘
烘烤 12 分鐘
靜置 15 分鐘

杏仁糊
450 克杏仁粉
225 克糖
4 顆蛋的蛋白

馬卡龍糊
320 克糖
100 克水

2 顆蛋的蛋白
20 克糖

器具
烘焙用溫度計
擠花袋

杏仁糊製作
用攪拌器將杏仁粉、糖、和蛋白一起攪打 4 分鐘。

馬卡龍糊製作
將 320 克的糖和水一起加熱至 118℃。同時將蛋白和 20 克的糖一起打發。
將加熱的糖水倒入杏仁糊裡攪拌均勻,接著慢慢地加入打發的蛋白。最後
的麵糊應該是光滑但不會太軟。

烘烤
將馬卡龍糊裝入擠花袋中,擠出排列在一張烘焙紙上,於室溫下靜置 15 分
鐘直到外層形成稍硬的表面。此時先預熱烤箱至 200℃。放入烤箱烤約 12
分鐘。自烤箱取出時,在烘焙紙底部沾些水。

組合
等 5 分鐘後將馬卡龍自烘焙紙上取下。接著兩兩一組夾合。中間可以填進
果醬、杏仁膏或者是巧克力甘納許(參考第 236 頁的食譜)。

琵達姆

準備時間 15 分鐘
烘烤 15 分鐘
靜置 1 小時

酥餅部分	夾心內餡
120 克奶油	1 罐覆盆子果醬
2 克鹽	裝飾用糖粉
90 克糖粉	
30 克杏仁粉	器具（原文無器具說明）
1 顆蛋	有花邊的壓刻圈模
225 克麵粉	直徑 2 公分的壓刻小圈模

麵團製作
將奶油、鹽和糖粉一起放入大碗中攪拌。加入杏仁粉。再放入蛋、麵粉並攪拌均勻。麵團置於兩張烘焙紙間擀壓成 0.2 公分厚的片型。

壓刻成型
以帶花邊的圈模壓刻出橢圓的餅形，排放在鋪有烘焙紙的烤盤上。再用直徑 2 公分的小圈模在其中一半的餅片上壓刻出兩個小圓洞。

烘烤
放入 160℃的烤箱烤約 15 分鐘後，取出放涼。再將覆盆子果醬平均塗抹在沒有小圓孔的橢圓餅片上。之後覆蓋有小圓孔的餅片，鋪灑上細糖粉即完成。

歷史： 這餅乾真正的名字是「眼鏡」，但是巧奶奶叫它「琵達姆」。

南西馬卡龍

50 個馬卡龍

準備時間 10 分鐘
烘烤 15 分鐘

200 克糖粉
200 克杏仁粉
3 個顆蛋的蛋白
糖粉

器具
附有擠花嘴的擠花袋
噴水器

馬卡龍糊製作

將所有材料放入大碗中拌勻，製作馬卡龍的杏仁糊要夠黏稠足以成形，並且夠軟而光滑。如果太乾硬，可再加些蛋白。若太軟，就再加些等比例的杏仁粉和糖粉。

烘烤

烤箱預熱 180℃。烤盤上先鋪一層烘焙紙，用擠花袋將馬卡龍糊分擠成小圓坨，排列於其上。將烤盤敲拍幾下，使得馬卡龍糊表面變得光滑。均勻灑上糖粉，接著噴些水使馬卡龍表面濕潤。立刻放入烤箱烤約 15 分鐘。
存放於密封盒中。

歷史：這裡提供的是傳統馬卡龍食譜，非常簡單，並非是流行犧牲者的巴黎式馬卡龍。

第 7 章

**À la mère de famille 也提供許多口味獨
到的手工冰淇淋**：黑芝麻口味、玫瑰堅果焦
糖口味……接下來的幾頁裡是製作冰淇淋的技
巧及秘方，自己在家中就能做出 100％ 最新款
又吸引人的冰淇淋！令人著迷的冰棒和聖代搭
配上滑軟的傳統冰淇淋（香草、覆盆子），再
加上香脆口感的焦糖堅果或是巧克力榛果，又
或者是入口即化的淋醬，如焦糖巧克力淋醬之
類……已經給您說得清楚明白囉。

冰品食譜

異國風冰棒
巧克力榛果酥塊口味

大約可做 15 個

準備時間 1 小時 15 分鐘
冷卻一個晚上

雪酪
230 克糖
600 克熱帶水果
（芒果、百香果）果汁
25 克蜂蜜
145 克水

巧克力榛果酥塊
200 克酥餅麵團
80 克榛果巧克力醬
20 克可可含量 70%的黑巧克力

外層
400 克可可含量 70%的黑巧克力
40 克葵花油
50 克烘烤過並切碎的榛果

器具
管狀或是矽膠冰棒模
握取用的木質棒
冰淇淋機
擠花袋
烘焙用溫度計
食物調理機

雪酪製作
先將水加熱至滾沸，加入糖和蜂蜜做成糖漿。將糖漿倒入果汁中並攪拌。
放入冰箱冷藏。

巧克力榛果酥塊
按照琵達姆的食譜（參照第 240 頁）先做好酥餅麵團。將之擀壓成 0.3 公分
厚的片狀，放入 160℃的烤箱烤約 20 分鐘。取出放涼，接著揉捏成細屑。
將榛果巧克力醬和黑巧克力一起加熱融化。拌入砂質口感的碎酥細屑，再
壓成 0.5 公分厚的片狀並放入冰箱冷藏。取出切成每邊為 0.5 公分的立方小
塊。

冷凍成型
將之前冷藏過的雪酪原料放入冰淇淋機，啟動運轉。當溫度降得夠低時加
入先前的巧克力榛果酥塊，然後倒入寬口擠花袋，將雪酪擠入冰棒模中，
最後放入木質棒，再放入冷凍庫一晚，使雪酪凝結。自冰棒模中取出，包
覆外層之前繼續放在冷凍庫中。

外層包覆
以 35℃的溫度熔化巧克力，加入油和榛果並攪拌均勻。將冰棒快速放入沾
裹，取出後滴除多餘的巧克力。等外層巧克力稍冷卻成形後才能將冰棒平
放。可以立即品嚐或者將冰棒再置入冷凍庫存放。

焦糖巧克力冰棒

大約可做 15 個

準備時間 1 小時 15 分鐘
冷卻一個晚上

冰棒
580 克牛奶
25 克脫脂奶粉
113 克脂含量 35% 的鮮奶油
110 克糖
40 克蜂蜜
110 克可可含量 70% 的黑巧克力
100 克綜合堅果巧克力

濃醬
100 克糖
100 克鮮奶油
50 克奶油
1 小撮鹽

外層
400 克可可含量 70% 的黑巧克力
40 克葵花油
120 克烘烤過並切碎的杏仁

器具
管狀或是矽膠冰棒模
握取用的木質棒
冰淇淋機
烘焙用溫度計
擠花袋
食物調理機

冰棒製作

先加熱牛奶，再依序加入奶粉、鮮奶油、糖、蜂蜜和巧克力。放入溫度計
加熱至 83℃。攪打 1 分鐘後放入冰箱冷藏。此時將綜合堅果巧克力敲碎。

焦糖醬製作

將糖放入鍋中以乾式加熱法製作金色焦糖，接著加入溫熱的鮮奶油熬煮。
將焦糖加熱至 105℃。加入奶油和一小撮鹽，接著攪打拌勻，放涼。

冷凍成型

將先前準備好的巧克力冰棒原料放入冰淇淋機，啟動運轉。
當溫度降得夠低時加入綜合堅果巧克力，然後倒入焦糖醬，以烘焙刮刀稍
稍攪拌形成如大理石般的紋理。倒入擠花袋，擠入冰棒模型裡，最後放入
木質棒，再放入冷凍庫一晚凝結。自冰棒模中取出，包覆外層之前仍放於
冷凍庫中。

外層包覆

以 35℃的溫度融化巧克力，加入油和杏仁並攪拌均勻。將冰棒快速放入沾
裹，取出後滴除多餘的巧克力。等外層巧克力稍冷卻成形後才能將冰棒平
放。可以立即品嚐或者將冰棒置入冷凍庫存放。

FABRIQUE
DE
CHOCOLATS

可以大口咬下
硬脆香濃的冰棒

開心果冰棒

大約可做 15 個

準備時間 1 小時 15 分鐘
冷卻一個晚上

開心果冰棒
600 克牛奶
30 克脫脂奶粉
50 克脂含量 35％的鮮奶油
140 克糖
20 克蜂蜜
3 顆蛋的蛋黃
100 克開心果膏
70 克卡莉頌杏仁糖
30 克開心果

外層
400 克烘焙甜點用牛奶巧克力
40 克葵花油

器具
管狀或是矽膠冰棒模
握取用的木質棒
烘焙用溫度計
冰淇淋機
擠花袋
細網篩
食物調理機

冰棒製作
牛奶加熱至 40℃，再依序加入奶粉、鮮奶油、糖、蜂蜜、蛋黃和開心果膏。放入溫度計加熱至 83℃。過濾並攪打 1 分鐘。放入冰箱冷藏。將卡莉頌杏仁糖掰成小塊，開心果切碎。將冰棒原料放入冰淇淋機，啟動運轉。當溫度降得夠低時加入卡莉頌杏仁糖和開心果。

冷凍成型
裝入擠花袋，擠入冰棒模型裡，最後放入木質棒，再放入冷凍庫一晚凝結。自冰棒模中取出，包覆外層之前繼續放在冷凍庫中。

外層包覆
以 35℃的溫度熔化巧克力，加入油並攪拌均勻。將冰棒快速放入沾裹，取出後滴除多餘的巧克力，灑上碎開心果，等外層巧克力稍冷卻成形後才能將冰棒平放。可以立即品嚐或者將冰棒置入冷凍庫存放。

 器具：塑膠附帶握柄的冰棒模具很容易找得到（有時那些可愛有趣，像是火箭造型的冰棒很受孩子們的歡迎）！

覆盆子冰棒
含水果軟糖丁

大約可做 15 個

準備時間 1 小時 15 分鐘
冷卻一個晚上

覆盆子雪酪
210 克糖
600 克覆盆子果肉
30 克蜂蜜
110 克水
100 克覆盆子水果軟糖

器具
管狀或是矽膠冰棒模
握取用的木質棒
冰淇淋機
擠花袋
烘焙用溫度計
電動攪拌器

外層
400 克可可含量 70％的黑巧克力
40 克葵花油
烘烤過並切碎的榛果

雪酪製作
洗淨覆盆子後放入食物調理機攪打成泥。將水加熱至滾沸，加入糖和蜂蜜做成糖漿。把糖漿倒入覆盆子果泥中攪拌均勻。放入冰箱冷藏。將水果軟糖切成小丁。將雪酪原料放入冰淇淋機後啟動運轉。當降溫足夠時，加入水果軟糖丁。

冷凍成型
裝入擠花袋，擠入冰棒模型裡，最後放入木質棒，再放入冷凍庫一晚凝結。自冰棒模中取出，包覆外層之前繼續放在冷凍庫中。

外層包覆
以 35℃的溫度熔化巧克力，加入油並攪拌均勻。將冰棒快速放入沾裹，取出後滴除多餘的巧克力，灑上碎榛果。等外層巧克力稍冷卻成形後才能將冰棒平放。可以立即品嚐或者將冰棒置入冷凍庫存放。

口味變化：如果沒有太多時間按照冰棒食譜來做，可以將冰棒原料放入小杯中冷凍，如此一來可省去較難的外層包覆步驟！

覆盒子

開心果

1985 ~ 2000

巧克力
時代

在當時頗負盛名的巧克力甜點師傅賽哲·納夫成為了 À la mère de famille 的新主人。

他的妻子和女兒也深被舖子的魅力所吸引，一起幫忙他打理店舖。他們將空間重新整修，原先製作果醬的地方變成了巧克力工作室，賽哲·納夫開始在店裡製作巧克力。他親自創作的甜點，在隨著季節更替的傳統點心旁，占了愈來愈重要的位子。秋天是堅果或糖漬水果，夏季則是來自各地的傳統點心⋯⋯遵循著店裡的傳統，賽哲·納夫和他的妻子依著節慶更換店裡的擺設：西洋情人節、復活節、聖誕節、母親節⋯⋯隨著節慶創造出不同的巧克力甜點，這位巧克力師傅因此愈來愈有名。一九八九年，巴黎工商商會頒給他金殿獎，肯定他作為店舖負責人的貢獻。這已是店舖成立兩百年之後的事了。獨一無二的 À la mère de famille 從此成了巴黎美食家們，以及來自世界各地的觀光客必到之處。一九九〇年代初期，賽哲·納夫身邊都是頂尖的甜點師傅和供應商，因而誕生令人嘆

為觀止的品項目錄：焦糖堅果、法式水果軟糖、冰晶糖栗、杏仁和榛果、橄欖和杜朗斯圓石巧克力、法式牛軋糖、糖漬水果⋯⋯

À la mère de famille 不斷在進步，但同時也堅持傳統原味，以及店舖的精神。時至今日，店舖仍如同美好年代那時由喬治·勒克發想的一樣。這個地方甚至自一九八四年起便被劃為歷史建築，吸引了如安德烈·雷努等藝術家將之畫入作品中。

1895 ~ 1920	1920 ~ 1950	1950 ~ 1985	1985 ~ 2000	2000 迄今
童年的夢想	在地的靈魂	阿爾伯特和蘇珊娜	巧克力時代	歷史新頁

糖漬香櫞蛋糕

8 人份
準備時間 20 分鐘
烘烤時間 40 分鐘

蛋..8 顆
糖...250 克
麵粉..250 克
奶油..125 克
糖漬香櫞...140 克

器具
直徑 25 公分的圓蛋糕模

準備麵糊

將 5 顆蛋的蛋白和蛋黃分開。蛋黃加糖打發顏色變淺後，加入麵粉和剩下的 3 顆全蛋。將奶油加熱熔化再加入麵糊裡。將糖漬香櫞切碎丁，加進麵糊中。蛋白打發，用烘焙刮刀小心地和麵糊拌勻。

烘烤

直徑 25 公分的圓蛋糕模內面先塗抹一層奶油，將麵糊倒入模中，放入 165℃的烤箱烤約 40 分鐘。
以刀尖刺入蛋糕中心檢視熟度：如果刀面乾淨表示已烤好。取出脫模並放涼。

聖代

可做 10 杯

準備時間 1 小時
靜置一晚

520 克牛奶
25 克脫脂奶粉
195 克脂含量 35％的鮮奶油
180 克糖
4 顆蛋的蛋黃
2 根香草莢

器具
烘焙用溫度計
冰淇淋機
帶花邊擠花嘴的擠花袋
濾布或細網篩
食物調理機

準備冰淇淋

將香草莢剖開後,刮下內面的籽,一起放入牛奶裡加熱。放涼靜置 1 個小時。加進奶粉、鮮奶油、糖和蛋黃。放入溫度計加熱至 83℃。過濾,取出香草莢,再用食物調理機攪打 1 分鐘。放入冰箱冷藏。降溫後倒入冰淇淋機,成冰淇淋後放入冷凍。

完成

將 10 個杯子放入冷凍庫使其降溫到夠冰涼,將香草冰淇淋裝入擠花袋中,擠入杯裡,再立刻放入冷凍庫。要吃時再取出,澆淋上濃醬或是果醬,再加上一些配料(參照第 262 頁)。

 器具:如果沒有冰淇淋機,也可以買好品質的冰淇淋,再加上淋醬和美味的配料。也是個不錯的方法!

聖代配料

可做 10 杯

器具
烘焙用溫度計（依食譜需要）
食物調理機

焦糖濃醬
100 克糖
100 克鮮奶油
50 克奶油
1 小撮鹽

將糖放入鍋中以乾式加熱法做成金色焦糖。加入溫熱鮮奶油續煮。放入溫度計加熱至 105℃。加進奶油和鹽，再一起攪打。置於一旁放涼備用。

水果濃醬
150 克水果泥
10 克糖
10 克鹽

將所有食材混和，放入食物調理機中攪打均勻。置於一旁放涼備用。

焦糖杏仁配料
125 克杏仁角
25 克糖
25 克水

先將水和糖加熱做成糖漿。加入杏仁角攪拌。再將杏仁角排在盤中，放入 160℃的烤箱烘烤並不時攪拌使其均勻受熱。

第 8 章

大熱天裡，沒有比這更受歡迎的了！自製糖漿調上冰水和冰塊，美味又天然……而且，這是再簡單不過的了！這兒就有幾份食譜，一些傳統口味：薄荷、檸檬（黃的和綠的）、石榴（沒錯，這可是真的石榴）和草莓（哈！這是香料草莓口味）。就叫傳統的創新款吧！

濃縮水果糖漿食譜

À LA MÈRE DE FAMILLE

CHOCOLATIER PARIS MAISON FONDÉE EN 1761

雙檸糖漿

可做 1 瓶 0.75 公升

準備時間 15 分鐘
加熱 3 分鐘
靜置一晚

4 個黃檸檬
2 個綠檸檬
450 克糖
100 克水

器具
容量 0.75 公升的玻璃瓶
濾布或細網篩

瓶子殺菌
將瓶子放入沸水中 2 分鐘殺菌。

糖漿製作
先將檸檬外皮刨下放入糖中。壓出檸檬汁。在鍋裡放入檸檬汁和檸檬皮屑，糖和水一起加熱至滾沸。
靜置一晚。

盛裝
將糖漿過濾。再次加熱至滾沸，續熱 3 分鐘。再倒入瓶中。要取用時，以 1 份糖漿和 5 份水的比例調和。糖漿於陰涼處可存放 1 個月。

 如果家中的篩網不夠細密，可以在篩子上鋪上兩層紗布過濾糖漿。

香料草莓糖漿

可做 1 瓶 0.75 公升

準備時間 10 分鐘
加熱 3 分鐘
靜置一晚

500 克草莓	器具
450 克糖	容量 0.75 公升的玻璃瓶
3 顆八角	濾布或細網篩
1 根肉桂	食物調理機
1/2 根香草莢	

瓶子殺菌
將瓶子放入沸水中 2 分鐘殺菌。

糖漿製作
洗淨草莓並將蒂頭切除。放入食物處理機,和糖一起快速攪打。加入香料,將香草莢縱向剖開,刮下籽,一起放入草莓中。置於冰箱冷藏浸泡一晚。

盛裝
將糖漿過濾。再次加熱至滾沸,續熱 3 分鐘。將上層浮沫刮舀除再倒入瓶中。要取用時,以 1 份糖漿和 5 份水的比例調和。糖漿於陰涼處可存放 1 個月。

 如果喜歡,當然也可以不加香料,或甚至可以嘗試草莓加上覆盆子。

石榴糖漿

可做 1 瓶 0.75 公升

準備時間 20 分鐘
加熱 3 分鐘
靜置一晚

1 公斤石榴	器具
糖	容量 0.75 公升的玻璃瓶
	濾布或細網篩
	食物調理機

瓶子殺菌
將瓶子放入沸水中 2 分鐘殺菌。

糖漿製作
將石榴的籽取下。放入大碗中,加進 100 克糖,靜置 1 小時,然後放入食物處理機攪打。過濾後只留下果汁。將果汁秤重,之後加入等量的糖。加熱至滾沸,續熱 3 分鐘,在將上層浮沫舀除。

盛裝
倒入瓶中。要取用時,以 1 份糖漿和 5 份水的比例調和。糖漿於陰涼處可存放 1 個月。

製成的水果糖漿加水或加入雞尾酒中都很棒。更有創意的是,它也可以用在一些料理中,例如香煎鵝肝或是沙拉。

薄荷糖漿

可做 1 瓶 0.75 公升

準備時間 15 分鐘
靜置一晚

300 克水
400 克糖
100 克薄荷葉

器具
容量 0.75 公升的玻璃瓶
濾布或細網篩

瓶子殺菌
將瓶子放入沸水中 2 分鐘殺菌。

糖漿製作
先將薄荷洗淨，摘下葉子。在鍋中放入水、糖和薄荷葉。加熱至滾沸，然後放入冰箱冷藏浸泡一晚。

盛裝
將糖漿過濾。再次加熱至滾沸，再倒入瓶中。要取用時，以 1 份糖漿和 5 份水的比例調和。糖漿於陰涼處可存放 1 個月。

2000

~

● ● ●

1761 ~ 1791

一間鄉村風格的店舖

1791 ~ 1807

一個父親的命運

1807 ~ 1825

自由的女人

1825 ~ 1850

在藝術生命之中

1850 ~ 1895

餅乾與糖果

歷史新頁

同樣是來自一段出於對巴黎媽媽甜點鋪的熱愛，賽哲·納夫之後的接班人，朵費家族，對位於福布爾－蒙馬特的舖子特別熟悉。

　　因為曾是店舖的供貨商之一，他們負責提供舖子糖果、牛軋糖、卡莉頌杏仁糖以及杏仁膏。朵費家的埃提恩，和他的三個孩子，蘇菲、珍和史提夫一起將店舖的傳統延續下去。保留著喬治·勒克那時的樣貌，朵費家族以相同的名字在巴黎市其他地方開了許多分店，架設了網站，甚至在巴黎春天百貨也設有專櫃，為喜愛美食的顧客提供新的甜點。就像許多創新精緻、造型特殊幽默的甜點，每年復活節和聖誕節的甜點總是令人期待，拜這些產品之賜，人們不斷地談論著她……À la mère de famille 融合了過去的歷史和當代所處的時代條件。同時身兼甜點師傅、巧克力師傅、冰淇淋和糖果專家的朱利安·麥瑟朗，目前為舖子貢獻他的專長，帶來他的創作。位於巴黎第九區店舖旁的「33」，就是由他領軍的甜點工坊，他和一位法國最佳工藝師一起合作，自店舖傳統的糖果（香檸糖、卡莉頌杏仁糖、糖漬水果、棉花糖……）發想做出非常有特色的：蛋糕、冰淇淋、雪糕冰棒，還有 À la mère de famille 一系列著名的甜點「情人蛋糕」……在邁入兩百五十年週年之際，這個十八世紀創立的小雜貨舖成了保留傳統樣貌，兼具提供創新口味甜點的地方。巧克力、焦糖、法式水果軟糖、冰淇淋、糖果、棒棒糖、杏仁膏、牛軋糖，當然還有被公認是全巴黎最美味之一的冰晶糖栗。

　　「33」工作坊的成立是為了讓年輕的師傅朱利安·麥瑟朗能夠盡情創作。這獨一無二的地方，正好位在福布爾－蒙馬特老店的旁邊，臨街的大片透明窗讓往來的人們無形中參與了甜點的創作，像是蒙馬特巧克力，有堅果焦糖餡或是甘納許的薄巧克力。人們總是能在 À la mère de famille 不斷發現新口味。

1895～1920	1920～1950	1950～1985	1985～2000	2000 迄今
童年的夢想	在地的靈魂	阿爾伯特和蘇珊娜	巧克力時代	歷史新頁

附錄

感謝

　　我們要特別感謝尚－馬克，倘若沒有他，就不會有今天《巴黎最老甜點舖 À la mère de famille》這本書。

　　我們還要感謝：

　　荷絲瑪莉她豐富的經驗，積極主動的個性和所提供的意見。

　　負責燈光的尚，他的敏銳度和富有質感的攝影工作。

　　很有天份的寶琳娜，還有她的幽默感及耐心。

　　蘇菲和茱莉她們倆完美到無人可及的筆觸。

　　琳恩的決策以及她在任何情況下的冷靜。

　　我們店裡的最佳示範：蔻列特，蘇菲，喬潔特，瑪莉，史提芬，托馬。

　　寶琳娜，芬妮，和瑪莉羅爾她們獨到的眼光！

　　潔妲的建議讓食譜更加出色。

　　卡里斯協助我們尋找出 À la mère de famille 的歷史軌跡。

　　貝諾瓦和伊凡他們優雅細膩的創作，還有積極有效率的陶。

　　多明尼克·督佛主動地，善意的協助。

　　賽哲·納夫對我們的信任，且願意將他珍愛的寶貝交給我們。

　　一切所有參與 À la mère de famille 的工作夥伴們，因為有你們，她一天比一天更美麗……

　　我們要將此書獻給 À la mère de famille 的所有顧客們，
　　因為有你們，故事得以延續！

À la mère de famille　甜點哪裡買

巴黎第九區：
福布爾蒙馬特街 35 號，電話 0147708369

巴黎第六區：
謝爾許密迪街 39 號，電話 0142224999

巴黎第七區：
克雷街 47 號，電話 0145552974

巴黎第十六區：
拉彭街 59 號，電話 0145047319

巴黎第十七區：
勒瓊德爾街 30 號，電話 0147635294

巴黎第十七區：
朱弗瓦達班街 107 號，電話 0147631515

聖摩爾 94100：
戴高樂路 7 號，電話 0142838149

巴黎第二區：
蒙托格伊街 82 號，電話 0153408278

春天百貨巴黎第九區：
奧斯曼大道 64 號，電話 0142824956

為了協助您做出成功的甜點，
也可以利用我們的網站找到適合的食材和工具：
www.lameredefamille.com

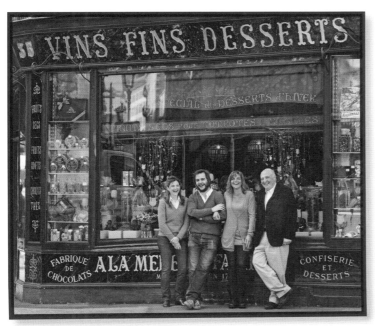

在深具歷史店鋪前的全家合照，
2011 年 6 月

【Gooday 04】MG0004

巴黎最老甜點舖 À la mère de famille：
堅持 250 年，109 道法式經典配方

À la mère de famille

作　　　者	朱利安‧麥瑟朗 Julien Merceron
譯　　　者	蔣國英
封面設計	謝佳穎
內頁排版	優克居有限公司
總　編　輯	郭寶秀
主　　　編	李雅玲
責任編輯	周奕君
校　　　對	陳立妍
行銷企劃	林泓伸
發　行　人	涂玉雲
出　　　版	馬可孛羅文化
	104 台北市民生東路 2 段 141 號 5 樓
	電話：02-25007696
發　　　行	英屬蓋曼群島商家庭傳媒股份有限公司城邦分公司
	台北市中山區民生東路二段 141 號 2 樓
	客服服務專線：(886)2-25007718; 25007719
	24 小時傳真專線：(886)2-25001990; 25001991
	服務時間：週一至週五 9:00 ～ 12:00；13:00 ～ 17:00
	劃撥帳號：19863813　戶名：書虫股份有限公司
	讀者服務信箱：service@readingclub.com.tw
香港發行所	城邦（香港）出版集團有限公司
	香港灣仔駱克道 193 號東超商業中心 1 樓
	電話：（852）25086231　傳真：（852）25789337
	E-mail：hkcite@biznetvigator.com
馬新發行所	城邦（馬新）出版集團【Cite (M) Sdn Bhd】
	41, Jalan Radin Anum, Bandar Baru Sri Petaling,
	57000 Kuala Lumpur, Malaysia.
	電話：（603）90578822　傳真：（603）90576622
	E-mail：cite@cite.com.my
輸出印刷	中原造像股份有限公司
初版一刷	2015 年 3 月
初版七刷	2018 年 11 月
定　　　價	850 元（如有缺頁或破損請寄回更換）

作者／朱利安‧麥瑟朗 Julien Merceron

身兼甜點師傅、巧克力師傅、冰淇淋和糖果專家，目前為這家百年甜點舖的主廚。他傳承了傳統美味，並從中發揮創意，延續這家巴黎最古老甜點舖的美味傳奇。

譯者／蔣國英

1970 年生於高雄。輔仁大學應用心理系畢業。1995 年赴法，先後在安錫（Annecy）及格勒諾勃（Grenoble）修習法文，並於當地定居工作。2006 年返台。2008 年，專業為法式料理的先生至高雄餐旅大學任教，舉家遷回高雄。現為自由譯者，法中翻譯的作品有《創意心理學》、《世界的餐桌》等書籍，另有研討會論文數篇及法式料理食譜。

國家圖書館出版品預行編目 (CIP) 資料

巴黎最老甜點舖 À la mère de famille / 朱利安‧
麥瑟朗著 -- 初版 -- 臺北市：馬可孛羅文化出版：
家庭傳媒城邦分公司發行, 2015.03
　面；　公分 . -- (Goodday；4)
譯自：À la mère de famille
ISBN 978-986-5722-42-5(精裝)

1. 點心食譜 2. 法國

427.16　　　　　　　　　　　　　　104001122